中等职业教育精品教材



# 职业素养

主　编　沈　虹　丁洁梅　徐爱英
副主编　易和平　唐　纳　叶　晶　邓一婧　张　莹
参　编　罗　丹　谭　皓　戴　静　杨韵怡　黄丹阳
　　　　舒　青　彭　蕾　熊　莉　王璐瑶　王思齐

中国人民大学出版社
·北京·

**图书在版编目（CIP）数据**

职业素养 / 沈虹，丁洁梅，徐爱英主编. -- 北京 : 中国人民大学出版社，2025. 8. --（中等职业教育精品教材）. -- ISBN 978-7-300-34180-4

Ⅰ. B822.9

中国国家版本馆 CIP 数据核字第 2025VU2844 号

中等职业教育精品教材

**职业素养**

主　编　沈　虹　丁洁梅　徐爱英

副主编　易和平　唐　纳　叶　晶　邓一婧　张　莹

参　编　罗　丹　谭　皓　戴　静　杨韵怡　黄丹阳

　　　　舒　青　彭　蕾　熊　莉　王璐瑶　王思齐

Zhiye Suyang

| | | | | |
|---|---|---|---|---|
| **出版发行** | 中国人民大学出版社 | | | |
| **社　　址** | 北京中关村大街 31 号 | **邮政编码** | | 100080 |
| **电　　话** | 010－62511242（总编室） | | | 010－62511770（质管部） |
| | 010－82501766（邮购部） | | | 010－62514148（门市部） |
| | 010－62511173（发行公司） | | | 010－62515275（盗版举报） |
| **网　　址** | http://www.crup.com.cn | | | |
| **经　　销** | 新华书店 | | | |
| **印　　刷** | 北京溢漾印刷有限公司 | | | |
| **开　　本** | 787 mm×1092 mm　1/16 | **版** | **次** | 2025 年 8 月第 1 版 |
| **印　　张** | 13 | **印** | **次** | 2025 年 8 月第 1 次印刷 |
| **字　　数** | 280 000 | **定** | **价** | 39.80 元 |

PREFACE

# 前 言

在快速变化的 21 世纪，职业教育作为连接教育与产业的桥梁，承载着为社会培养高素质技能型人才的重要使命。随着全球经济一体化的加速推进和产业结构的不断升级，企业对人才的需求日益多元化、精细化，而职业素养作为衡量人才质量的关键指标，其重要性愈发凸显。

## 一、职业素养：企业选留人才的关键

在激烈的市场竞争中，企业要想立于不败之地，不仅需要先进的技术和设备，更需要一支具备高度职业素养的员工队伍。职业素养，简而言之，就是员工在工作过程中所展现出来的综合素质，包括专业能力、工作态度、团队协作、创新思维、责任意识等。它是员工个人能力与企业文化、企业价值观的深度融合，是员工能否在企业中立足、成长乃至发挥更大作用的关键所在。

企业对人才的需求，归根结底是对职业素养的需求。一个拥有良好职业素养的员工，能够迅速适应岗位要求，高效完成工作任务，同时能够与团队成员和谐相处，共同推动企业向前发展。相反，缺乏职业素养的员工，即使拥有再高的专业技能，也可能因为工作态度、团队协作等方面的问题，给企业带来不必要的损失。因此，职业素养已成为企业选留人才的重要考量因素。

在当前的就业市场中，我们可以看到，那些具备良好职业素养的毕业生往往更容易受到企业的青睐，获得更好的职业发展机会。他们能够以积极的态度面对工作中的挑战，以专业的技能解决遇到的问题，以良好的人际关系促进团队合作，从而在企业中脱颖而出，成为企业宝贵的财富。

## 二、意识提升：职业素养教育的着力点

一个人的行为受意识主导。职业素养的培养，首先应从意识层面入手。意识是行为的先导，只有当学生真正认识到职业素养的重要性，才能在日常生活中主动践行并不断提升。因此，职业素养教育不仅要注重显性知识技能的传授，更要关注隐性素养的培养，即价值观、态度、意识等方面的教育。

教育的本质是点燃火焰，而非灌满瓶子。在职业素养教育中，我们更应注重激发学

生的内在动力，引导他们形成正确的职业观念和价值观。这需要我们通过多样化的教学手段和方法，如案例分析、角色扮演、小组讨论等，让学生在参与和体验中感受职业素养的魅力，从而自觉地去提升和完善自己。

同时，我们还要注重培养学生的自我反思能力。自我反思是职业素养提升的重要途径。通过反思，学生可以更加清晰地认识自己的优点和不足，明确努力的方向和目标。因此，我们要在教学中鼓励学生进行自我反思，帮助他们建立自我评估的意识和能力。

此外，我们还要注重培养学生的创新意识和批判性思维。在快速变化的时代背景下，创新意识和批判性思维已成为职业素养的重要组成部分。只有具备创新意识和批判性思维的学生，才能在未来的工作中不断寻求突破和创新，为企业创造更大的价值。

## 三、职业教育与社会需求同步：职业素养教育前置

职业教育作为与社会经济紧密相关的教育类型，其培养目标、教学内容和方法都应与社会需求保持同步。在职业素养教育中，只有注重与社会需求对接，将职业素养教育前置于校园中，才能为学生的未来职业发展打下坚实的基础。

一方面，我们要深入研究企业对职业素养的具体需求，将这些社会需求融入教材中；另一方面，我们要注重职业素养教育的实践性和体验性，让学生在实践中提升职业素养，增强就业竞争力。

职业素养是职业教育的重要组成部分，也是学生未来职业发展的关键所在。本书的编写，旨在为学生提供一套全面、系统的职业素养培养指南，帮助其提升职业素养和就业竞争力。我们相信，在广大师生的共同努力下，职业素养教育一定能够取得更加显著的成效，为培养更多高素质技能型人才贡献智慧和力量。让我们携手共进，共同开创职业教育美好的明天！

本书的编写凝聚了多方智慧与支持。在编写过程中参考借鉴了近年来同类教材的内容，引用了大量案例，在此向相关作者表示衷心感谢。特别是澜海源创教育咨询的专家团队在本书编写前期就相关内容对编写组进行系统指导，其严谨的学术态度使教材理论体系更为完善，编写组所在单位的领导和同事在资源调配、会议组织等方面给予了全方位支持，在此一并深表谢意。

由于职业教育的教学改革发展迅速，加之编者水平有限，书中难免存在不足之处，恳请广大读者批评指正。

编者

2025 年 5 月

CONTENTS

# 目 录

# 第一章 成长的翅膀

如果把人生比作一场漫长而精彩的旅途，那么人生的每一个阶段都是一段独特的风景，追随着目标不断前行。然而，各阶段的目标并非孤立存在。它们如同通往最终目的地的台阶，紧密相连，共同勾勒人生的完整画卷。怀揣着对未来的憧憬与期待，我们发现最终目标都是实现立足生存、懂得生活、领悟生命的三重境界。这不仅是个人成长与成熟的标志，更是实现自我、贡献社会的必经之路。

本章我们将对照企业用人标准，剖析“学生”与“职业人”之间存在的差距，初步形成“准职业人”的角色意识，用职业化的成长视角看校园生活，从而开启职业化的成长之路。

# 第一节 认识自我

成长是生命的底色，在岁月中不断超越自己，便是对人生最好的致敬。我们渴望成长，为此，我们首先要回答：我是谁？我在哪里？我要去向哪里？

## 职场故事

### 面试的困惑

又是一年毕业季，小陈同学带着一颗忐忑不安的心，拿着自己的求职简历想在招聘会上寻得一份工作。当初选择专业时，他看好计算机应用，认为这是未来科技社会发展的基础。因此，他的目标是成为一名软件工程师。

小陈的简历，就像他本人一样，简洁而朴素，没有参加技能比赛的经历，没有参与项目落地的实践，没有假期参与企业的实习，就算是校内参与文化类的比赛也奖项级别不高。他深知自己在简历上的“空白”，具有较强的责任心、团队合作意识、沟通能力都显得“苍白”。但这并不意味着他在校学习期间没有努力。在图书馆的角落里，小陈总是默默地与一行行代码为伴，只是这些努力，都没有为这份简历增光添彩。最终，有一家公司让小陈第二天去面试。

面试开始了，小陈面对着几位面试官，心中那份紧张感如同潮水般涌来。他试图清晰地表达自己的项目经验和解决问题的能力，但话语似乎总是跟不上思维的节奏，时而卡顿，时而偏离主题。小陈能感受到面试官们眼神中的一丝失望，这让他更加沮丧。

面试结束后，小陈独自坐在公园的长椅上，望着远处忙碌的城市，他的心中充满了困惑与不解。“为什么一定要能说会道呢？”他喃喃自语，“明明我是一个性格内向的人，更喜欢用代码说话，为什么要强迫我去改变自己呢？”

**【思考】**

(1) 你认为小陈面试失利的原因有哪些？让他落选的关键因素是什么？

______________________________

______________________________

______________________________

(2) 当个人特点与企业需求之间存在差异时，我们应该怎样才能让自己更自如、更长远地生存与发展？

# 一、认识自我是起点

## （一）认识自我的重要性

春秋战国时期，著名军事家孙武把“知彼知己，百战不殆”作为一条军事箴言写入《孙子兵法》以传之后世。中国也有古谚云：“人贵有自知之明”。可见，认识自我是多么重要的事情。

西方现代人际关系教育的奠基人戴尔·卡耐基曾讲过这样一个故事。一日上午，孩子的爸爸在准备下午的会议内容，妈妈不在家，孩子在家一会唱歌，一会要爸爸陪他玩，一会在家里乱窜，让爸爸不能静下心来准备下午的工作。这时，爸爸看见一页印有世界地图的画纸，于是把画纸撕成几块，并告诉孩子，如果能把这幅地图拼好，爸爸就会陪他玩耍。爸爸心想，这么小的孩子，怎么也得拼半个小时。可是还没到十分钟，孩子就把拼好的地图拿了过来，教授很惊讶，问孩子：“你怎么这么快就拼完了？”孩子开心地把地图翻过来说：“爸爸，你看这地图后面画了个人，我把人拼好，翻过来地图就是拼好了。”爸爸不禁感慨道：“你对了，你的世界就对了。”

认识自我不是为了评价、定义自己，不是为了证明、强调自己，认识自我是了解自己的优势与不足，看清自己所处之境。认识自我更是为了明确未来改变与成长的方向，知晓如何行动达成目标。站在职业化成长的角度，准确客观地认识自我是成长的起点。

认识自我，这一看似简单实则深奥的过程，往往被误认为是纯粹的主观认知活动。我们倾向于根据自己的感受、想法和情绪来构建自我形象，如同在镜前自我欣赏，自认为对自我的了解已足够深刻全面。然而，正如赞美他人这一行为所揭示的，真正的自我认知远非如此简单。

在人际交往中，赞美是一种常见且有效的沟通方式，它能够增进彼此之间的理解与亲近感。当我们给予他人赞美时，往往自信满满地认为自己的话语是真诚且恰当的，能够如春风般拂去对方心中的阴霾，带来愉悦与感激。然而，事实却常常出乎我们的意料。被赞美的人，作为接受方，他们的感受与反应才是衡量赞美质量的关键。一个看似完美的赞美，如果未能触及对方的心灵深处，未能让对方感受到真实自然、真情实感，那么它便失去了应有的意义与价值。

这一现象深刻地揭示了认识自我的局限性。我们的主观认知，尽管基于个人的经历与感受，但往往受限于个人的视角与偏见，难以全面客观地反映真实情况。如同在赞美他人时，我们可能过于自信地认为自己已经把握住了对方的喜好与需求，而实际上却可能大相径庭。因此，认识自我，不能仅仅停留在主观认知的层面，而需要转向更加客观、全面的认知方式。

客观认知自我，意味着要跳出个人的视角与偏见，以更加宽广的视野来审视自己。需要我们站在他人的角度来理解与感受，以更加细腻敏感的心灵去捕捉他人的需求与期望。这样的赞美才是一种基于深刻理解与真诚情感的互动。这样的赞美，将能够触动对方的心灵深处，带来真正的愉悦与感激。

总之，认识自我是一个复杂而深刻的过程，它需要我们跳出主观认知的局限，转向更加客观、全面的认知方式。只有这样，我们才能够真正地认识自我、理解自我、提升自我，从而在人生的道路上走得更远、更稳、更精彩。

### （二）认识自我的角色定位

认识自我，实质上就是深刻理解和把握自己在不同情境下所扮演的角色。人生如舞台，我们每个人都是这场大戏中的演员，根据场合、身份和对象的不同，不断地变换着角色。这些角色不仅仅是社会赋予的标签，更是我们与周围世界互动的桥梁，它们定义了我们的行为准则、责任义务以及期待中的表现。

面对父母时，我们回归为儿女，这个角色要求我们展现孝顺与感恩，尊重并理解父母的辛勤付出与无私关爱。在家庭中，我们学会了爱与被爱的艺术，懂得了亲情的珍贵与无价。

走进校园，面对老师，我们又化身为学生，这个角色强调的是学习、求知与成长。在知识的海洋里，我们如饥似渴地吸收养分，培养批判性思维，学会独立思考，提高解决问题的能力。老师的引导与教诲，如同灯塔般照亮我们前行的道路。

当我们在商场选购商品时，角色转变为消费者或客户。这时，我们学会了如何理性消费，追求性价比，维护自己的合法权益。同时，我们也成了市场反馈的一环，我们的选择与偏好影响着商品与服务的改进方向。

未来步入职场，我们则成为员工，这个角色要求我们具备专业技能、团队协作精神以及良好的职业素养。在职场上，我们不仅要完成工作任务，更要学会与同事、上级、下属有效沟通，共同推动团队目标的实现。职场角色的成功，不仅关乎个人的职业发展，更关乎整个组织的效能与竞争力。

值得注意的是，每个角色都有其特定的标准，这些标准并非凭空而来，而是由角色所服务的相关方——如家庭成员、老师、商家、公司同事等——根据实际需求与期望共同确立的。这些标准是衡量我们角色扮演成功与否的重要标尺，也是促进个人成长与角色优化的动力源泉。

因此，认识自我，就是要在不同的角色中转换，理解并适应每种角色的标准，不断学习与调整，以达到角色的最佳状态。这不仅是个人社会化的必要过程，也是实现自我价值、构建和谐人际关系的关键所在。在这个过程中，我们要学会平衡与协调，学会如何在不同的角色之间找到自我，最终成就一个立体、丰富、和谐的自我形象。

在职业教育的广阔天地里，作为职校的学生，我们正站在人生的重要转折点上，面临着重新定义自我角色的挑战与机遇。与普通教育相比，职业教育更加注重实践技能的培养与职业素养的塑造，它为我们搭建了一座通往职业世界的桥梁，让我们在理论与实践的交织中，提前感受职业领域的脉搏，为未来的职业生涯奠定坚实基础。

为了更好地适应这一转变，我们必须跳出传统的“校园视角”，以一种更加开阔、前瞻的“行业、企业和社会等全局视角”来审视自我，观察当下。这意味着，我们要将目光投向校外，关注行业动态，理解企业需求，理解社会变迁对职业领域的影响。通过参与实习实训、校企合作项目、职业技能竞赛等活动，我们得以近距离接触职场，体验作为一名“准职业人”的责任与挑战。

在这个过程中，我们需要参照“准职业人”的标准，来审视自己的现状与差距。这不仅仅包括专业技能的掌握程度，更涵盖了团队协作、沟通能力、时间管理、创新思维等多方面的职业素养。通过与优秀职场人士的交流，我们可以了解到企业对员工的真实期待，从而更加清晰地认识到自己在哪些方面存在成长空间，哪些方面需要重点提升。

找到了成长空间，接下来便是掌握缩小差距的路径与方法。这要求我们不仅要扎实学好专业知识，更要积极参与社会实践，通过“学中做，做中学”的方式，将理论知识转化为实际操作能力。同时，我们也要注重培养自己的职业素养，如解决问题能力、人际交往能力等，这些都是在职场上不可或缺的宝贵财富。

此外，我们还要学会利用资源，如参加职业规划讲座、寻求导师指导、加入专业社群等，这些都是帮助我们快速成长的有效途径。在这个过程中，保持学习的热情与好奇心，勇于尝试新事物，敢于面对挑战，将是我们不断前行的不竭动力。

总之，作为职校的学生，我们正站在一个全新的起点上，面临着重新定义自我角色的重要任务。通过跳出“校园视角”，以“行业、企业和社会等全局视角”来观察自己，参照“准职业人”的标准，我们不仅能够找到成长空间，更能掌握缩小差距的路径与方法，从而在职业教育的道路上稳健前行，迈向更加辉煌的职业人生。

## 拓展阅读

生涯彩虹图（见图1-1）是美国生涯发展学者唐纳德·舒伯为了综合阐述生涯发展阶段与角色彼此间的相互影响，创造性地描绘出的一个多重角色生涯发展的综合图形，于二十世纪八十年代产生。

在生涯彩虹图中，最外的层面（横向）代表横跨一生的“生活广度”，又称“大周期”，包括成长阶段、探索阶段、建立阶段、维持阶段和衰退阶段。里面的各层面（纵向）代表纵观上下的“生活空间”，由一组角色和职位组成，包括子女、学生、休闲者、公民、工作者、持家者等主要角色，各种角色之间相互作用，交织出个人独特的生涯类型。内圈凹凸不平、长短不一，代表在该年龄阶段不同角色的分量。

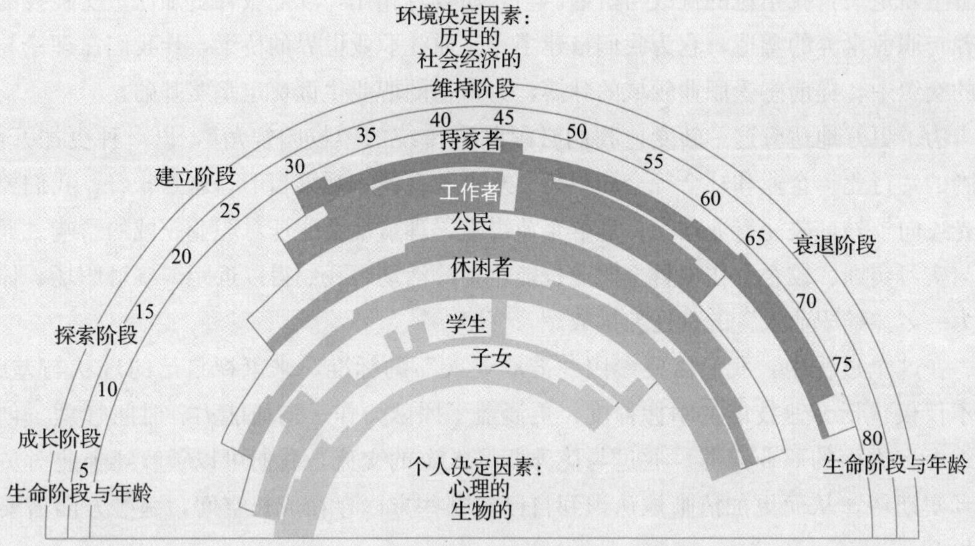

图 1-1　生涯彩虹图

## 活动与思考

### 我的名片

**一、活动目标**

帮助学生正确全面地认识自我。

**二、活动形式**

集体活动。

**三、道具**

每人准备一张纸，一支笔。

**四、活动步骤**

(1) 在纸的左上角写下自己的姓名。

(2) 按照“形容词＋名词”的方式描述自己，每人写 5 句。比如“乐于分享的朋友”“勤奋好学的学生”等。

(3) 在纸的另一面，在左上角再次写下自己的名字。

(4) 在集体中找不同的人，请他们按照“形容词＋名词”的结构写下对你的评价。要求面对不同的人群，收集 8～10 条信息。

(5) 对比自己与他人的评价，找出出现频率最高的词，找出自己最在意的词。

**【思考】**

在认识自我的道路上，我们如何看待内在与外在的评价？

______________________________________________

______________________________________________

______________________________________________

自我评价是个体对自身条件、素质、才能等各方面情况的一种判断，是自我意识的一种表现，包括对生理自我、心理自我和社会自我的认识。他人评价是我们通过他人对自己的态度和评价来认识自我。这种评价可以是赞美的，也可以是批评的，但都能在一定程度上反映某些方面。通过他人的反馈，我们可以更全面地了解自己的优点和不足，从而调整自己的行为和态度。在自我认知和他人评价之间，我们需要找到一种平衡，使内心的平静与外界的声音在心灵深处共鸣。通过自我观察、与他人的比较以及集体的帮助，我们一定可以更全面更客观地认识自我。

**职场故事**

### 我能胜任吗?

在一个风和日丽的早晨，李明踏着轻快的步伐走进了他工作了五年的公司——一家专注于科技创新的知名企业。李明是研发部门的一名普通工程师，平日里总是默默无闻地沉浸在代码的世界里，解决着一个个技术难题。他对技术的热爱纯粹而深沉，却从未想过自己的努力会被更多人看见。

这天，部门的例会上，张经理突然宣布了一个令人意外的消息："经公司领导层讨论，我们决定提拔李明为项目负责人，领导即将启动的新项目。"这个消息像一枚石子投入平静的湖面，瞬间在会议室里激起了层层涟漪。同事们纷纷投来惊讶又羡慕的目光，而李明却愣在了座位上，心中五味杂陈。

会后，李明独自坐在工位上，他既兴奋又担忧。他深知自己在技术领域有着不错的功底，但坐上领导的位子意味着要管理团队、协调资源甚至做决策，这些都是他从未涉足的领域。他不断地问自己：我真的可以吗?

**【思考】**

（1）进入职场后，我们对自己的了解来源于哪些方面?

______________________________

______________________________

______________________________

（2）面对新的机遇和挑战，我们思考的维度有哪些?

______________________________

______________________________

______________________________

## 二、职业化的自我认知方法

### （一）"知道不知道"自我认知模型

识别"知道不知道"是职业人自我认知的方法之一。"知道不知道"自我认知模型如图 1－2 所示。

| | |
|---|---|
| 知道自己<br>不知道 | 不知道自己<br>不知道 |
| 知道自己<br>知道 | 不知道自己<br>知道 |

图 1－2 “知道不知道”自我认知模型

第一种状态：不知道自己不知道。

每个人都有自己的行为习惯和处事模式，如果没有时时自我觉察、反省的意识，就如同待在一个封闭独立的黑暗区域里，看不见也听不到，很难走出困境。遇到与外界互动不合适时，无论是向外指责还是向内自责都是习惯性反应，不会停下来思考，不知道自己还需要成长。

第二种状态：知道自己不知道。

知道自己的不足，了解自己薄弱的领域。比如“英语是我的短板”“我这个人有些马虎”“一看到这么琐碎的事情，我就头大”等。类似这样的话语都表明，我们都清楚自己的优势与短板。但如果停留在此，就是强调自己的特点，要求个人的特权，放松了自我要求，从而成为自我成长的阻力。例如，作为学生，我们常常说“我背书真不行”，潜台词是我一直背书都不行，所以现在也不要在背书这件事上为难我。身在职场，我们不可能说因为我对数字不敏感，所以统计分析的工作就不要让我做。因此，将关注点调整至如何将不知道的、不擅长的事情转变为自己知道的、能熟练上手的事情，才是我们成长的出路。

第三种状态：不知道自己知道。

人生没有白走的路，每一步都算数。在实际的学习生活中，每经历一件事，我们都会获得相关的经验。但是零星点状的经验没有提炼总结，没有形成相关可推广、可借鉴的知识体系，那这些经验就只是处在行为层面，而非处在推动成长的意识层面。因此，不知道自己具备，不知道自己知道，处于这种状态的人需要总结复盘，不断完善提升，积极与未来对接，让自己的状态更稳定、能力更强。

第四种状态：知道自己知道。

这是清醒的行动派，知道自己应该做什么，也知道怎么做。行动派切忌陷入经验主义的陷阱，不能过分依赖过往经验，需要保持对事情的好奇心，尊重事实。因为世界上没有两片一模一样的树叶，所有的事情都是发展变化的。

深入了解自我认知的四种状态就会发现，这四种状态不是割裂存在的，我们会同时保有某几种状态。同时，我们也不会只停留在某一种状态。站在发展的角度，我们不可把分析自己处于哪种状态作为成长的重点，无论是因为判定自己状态高而骄傲，还是因为判定自己状态低而失落，都将使成长发生偏差，瞬间滑落到“不知道自己不知道”的境地。所以，警觉自己的状态，聚焦我们不知道的地方，调整我们的行动，努力达到“知”、保持“知”，就是清醒，就是“知道自己知道”。

## 拓展阅读

乔哈里视窗（Johari Window）是一种关于沟通的技巧和理论，也被称作“自我意识的发现-反馈模型”，我国管理学实务中通常称之为“沟通视窗”。这个理论最初是由乔瑟夫（Joseph）和哈里（Harry）在20世纪50年代提出的。视窗理论将人际沟通的信息比作一扇窗，它被分为4个区域：开放区、盲区、隐藏区、未知区，人的有效沟通就是这四个区域的有机融合。

开放区是自己知道、别人也知道的信息。例如你的家庭情况、姓名、部分经历和爱好等。开放区具有相对性，有些事情对于某些人来说是公开的信息，而对于另一些人可能会是隐秘的事情。在实际工作中的人际交往中，共同的开放区越多，沟通起来也就越便利，越不易产生误会。

盲区是自己不知道、别人却可能知道的盲点。例如，你性格上的弱点或者不好的习惯、你的某些处事方式、别人对你的一些感受等。反思为什么地位和权势越高的人，越难听到关于自己的真话？就是因为沟通单向而闭塞，一旦高地位、高权势的人没有博大、开放的胸怀容纳一些敢于对自己讲真话的朋友或善于直言的下属，他的盲区就有可能越来越大。

隐藏区是自己知道、别人却可能不知道的秘密。例如你的某些经历、希望、心愿、秘密，以及好恶等。一个真诚的人也需要有隐藏区，完全没有隐藏区的人是心智不成熟的。但在有效沟通中，适度地打开隐藏区，是提升沟通成功率的一条捷径。

未知区是自己和别人都不知道的信息。例如某人身上隐藏着的疾病。未知区是尚待挖掘的黑洞，也许通过某些偶然或必然的机会，别人对你有了较为深入的了解，自己对自我的认识也不断地深入，人的某些潜能就会得到较好的发挥。

### （二）“自我认知三大问”模型

导向是行动的指引和方向。坚持以目标为导向，就是以实现目标为方向，持之以恒、一步一步地朝着既定目标奋斗前行，以终为始来指导当下的行为。作为学生，我们的目标不能简单地设定为考试合格、顺利毕业，因为毕业不代表达到了企业的用人需求，不代表符合社会对人才的实际要求。如果我们不想未来在职场上手忙脚乱，那么从入校那天开始就要为与社会和职场需求对接而持续努力。要想形成清晰的自我认知，可借用如图1-3所示的“自我认知三大问”模型。

自我认知三大问题，集中反映了现实与目标之间的差距，我们需要锁定目标，并为此寻找实现的方法。相比于知晓自己现在在哪里，更重要的是清楚自己应该去向哪里，所以“应该怎么样”是最关键的节点，它如同一部导航仪，指引着我们成长的方向。

在人生的各个关键节点，对于“应该怎么样”的思考往往能成为破局的关键。当面临事件冲突和迷茫时，明确“应该怎么样”能帮助我们排除外界的干扰，化解内心的纠结，将注意力聚焦在真正重要的选择上。在更长远的职业规划中，明确“应该怎么样”能帮助我们将“我想成功”这类模糊愿望转化为“三年内要掌握哪些核心技能，五年后要达到什么职业层级”的具体蓝图。这种转化之所以重要，是因为它完成了从主观臆想到客观路径的关键一跃。

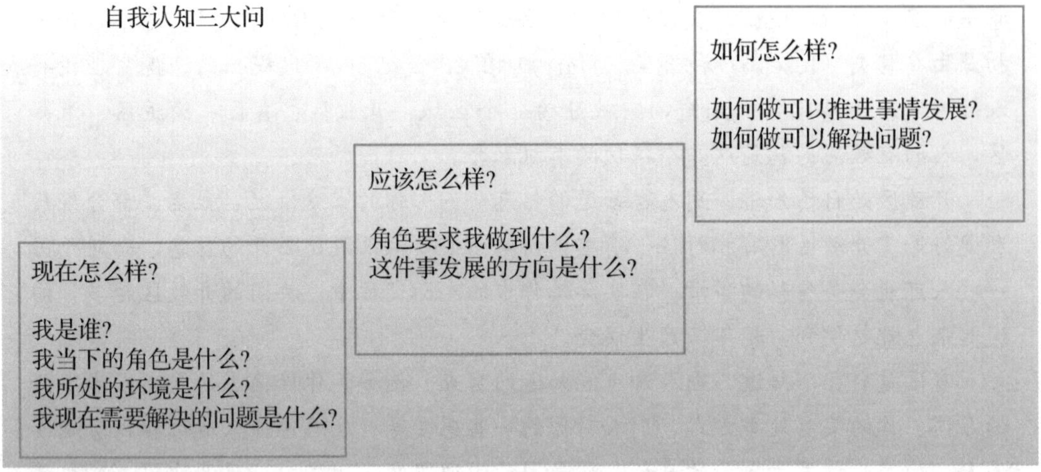


图 1-3 “自我认知三大问”模型

## 活动与思考

### 角色之问

**一、活动目标**

认识环境，认识自我。

**二、活动形式**

自检自测。

**三、活动步骤**

请认真思考并完成表 1-1。

表 1-1 角色行为标准表

| 角色 | 主要职责 | 行为特点 | 主要联系人员 | “好”的标准 |
|---|---|---|---|---|
| 学生 | | | | |
| 孩子 | | | | |
| 父母 | | | | |
| 老师 | | | | |
| 朋友 | | | | |
| 班干部 | | | | |
| 公民 | | | | |

**【思考】**

在我们的不同角色和不同身份中，这些变化意味着什么?

不同场合、不同角色、不同身份，我们的行为举止、思想动态都有变化，做符合自己角色的事情，以优异的标准引领自己。成长，从当下开始。

### 启思导行

请分别与一位高年级的学长、一位职场新人以及一位拥有数十年工作经验的长辈进行深入交流，探讨“不同职场中需要的核心能力是什么”。

## 第二节　成长自我

在技术迭代、产业升级的背景下，企业需要能够快速适应变化的人才，但教育体系因其固有的培养周期，往往无法在短期内完全与技术迭代、产业升级同步，这就使得人才培养与社会需求之间存在一定的时间差。

### 职场故事

#### 优异学子的迷茫

又是一年毕业季，校园内一派勃勃生机。王阳，一个活泼开朗、成绩优异的学生干部，被他的辅导员张老师推荐去参加一家知名企业的销售岗位面试。张老师对王阳寄予厚望，认为他出色的沟通能力和组织能力非常适合这个岗位。

面试那天，王阳穿着得体，提前半小时就到了企业指定的会议室。他满怀期待地坐在那里，准备展示自己最好的一面。然而，时间一分一秒过去，约定的面试时间早已过去，面试官却迟迟未到。王阳开始有些坐立不安，心里不禁嘀咕：“这是怎么回事？难道是我记错了时间，或者是企业方面出了什么差错？”

随着时间的推移，王阳的耐心逐渐被消磨，他开始用手机浏览社交媒体，偶尔抬头望向门口，脸上难掩不满。终于，在比原定时间晚了近一个小时后，一位西装革履的中年男士匆匆走进会议室，自我介绍道：“抱歉，让大家久等了，我是今天的面试官王经理。”

面试过程并不如王阳预想的那样顺利。由于之前的等待已经让他心生怨念，面对王经理的提问，他的回答显得有些敷衍和急躁，缺乏应有的热情和耐心。王经理虽然表面上依旧保持着职业的笑容，但眼神中却透露出几分失望。

面试结束后，王阳心情沉重地离开了企业，觉得自己表现不佳，可能无缘这个岗位。回到学校后，他向张老师讲述了面试的遭遇，言语间满是对企业不专业行为的不满。

张老师听后，决定亲自与企业方面沟通，了解事情的真相。经过一番努力，张老师终于从王经理那里得知了事情的原委。原来，这次面试特意安排了一场“等待的考验”，目的是观察应聘者在面对销售工作中常见的等待情况时的反应。

**【思考】**

(1) 这场“等待的考验”，到底要考验什么？

______________________________________________

______________________________________________

______________________________________________

(2) 在面试准备中，除了专业技能和知识，还有哪些是应聘者容易忽视而对面试官来说却非常重要的要素？

______________________________________________

______________________________________________

______________________________________________

## 一、校企人才观之不同

在校园这片知识的沃土上，同学们往往容易陷入一种误区，即将成绩取得和学历提升视为成长的全部。然而，真正的成长远不止于此。根据前面提到的生涯彩虹图理论，人的生命周期中，工作占据了举足轻重的地位，它不仅是个人价值实现的重要途径，也是连接个人与社会、企业与时代的桥梁。只有深刻认识企业、社会与学校对人才认知的不同，才能清楚自己未来行动的着力点。

### (一) 对人才的理解不同

校园人才观：强调学生的综合素质和全面发展，包括学术能力、创新能力、团队协作能力等。注重学生的个性发展和兴趣爱好，鼓励学生追求自己的兴趣和梦想。校园人才往往理论功底扎实，但实践经验相对较少。

企业人才观：企业更看重人才的实用性和价值创造能力，即能否为企业带来实际的贡献和效益。企业人才需要能够快速适应企业环境，融入企业文化，并具备解决实际问题的能力。企业更强调人才的团队协作精神和沟通能力，以及持续学习和自我提升的能力。

### (二) 人才的评价标准不同

校园人才观：以学术成绩、科研成果、社会实践等为主要评价标准。校园内的人才评价标准相对单一，主要关注学生的专业能力和综合素质。

企业人才观：企业对人才的评价标准更加多元化，包括专业能力、工作经验、团队协作能力、沟通能力、创新能力等多个方面。企业更注重人才的实战能力和对企业的忠诚度。

### (三) 培养方式不同

校园人才观：校园主要通过课堂教学、实验实训、社会实践等方式来培养学生。校园教育注重理论知识的传授和学术能力的培养。

企业人才观：企业主要通过内部培训、师徒制、项目实践等方式来培养人才。企业更注重员工的实战经验和职业技能的提升，以及员工对企业的认同感和归属感。

### （四）目标导向不同

校园人才观：校园教育的目标是培养学生的综合素质和创新能力，为学生未来的职业发展打下坚实的基础。校园教育更注重学生的全面发展和个性发展。

企业人才观：企业的目标是培养符合企业需求的人才，为企业的发展提供有力的支持。企业更注重人才的实用价值和创造能力，以及人才为企业带来的实际贡献和效益。

企业用人的核心在于以结果为导向，强调人职匹配的重要性，即确保个人能力与岗位需求的高度契合。在职场中，企业追求的不仅是员工的数量，更是员工的质量——企业需要找到真正适合岗位需求的人，以确保工作的高效开展和企业的稳健发展。

“人才培养成本”是企业在进行人力资源规划时不得不考量的重要因素。这不仅仅包括招聘、培训新员工所花费的直接成本，还包括因员工能力不足或岗位不匹配而导致的间接成本，如生产效率低下、项目延期、客户流失等。这些成本往往难以量化，但对企业的影响却是深远的。

当新员工进入企业后，如果“做不到位”，即无法胜任岗位工作，那么企业将面临巨大的挑战。首先，这会导致企业资源的浪费，包括时间、金钱和精力。企业需要重新寻找合适的人选来填补这一空缺，这不仅会增加招聘成本，还可能影响整个团队的士气和工作效率。

新员工“做不到位”还可能对企业的品牌形象和客户满意度造成负面影响。如果员工无法提供优质的产品或服务，那么客户可能会对企业的能力产生怀疑，进而影响企业的市场地位和声誉。

因此，企业在招聘和选拔人才时，必须注重人职匹配，确保所招聘的员工具备岗位所需的能力和素质。同时，企业注重加强员工的培训和发展，以提升员工的专业技能和职业素养，适应不断变化的市场需求和岗位要求。

**拓展阅读**

#### AI时代的学生应该是什么样

未来社会具有不确定性，持什么样的“护照”可以抵达未来似乎也有不确定性，那么，人工智能（AI）时代的学生形象到底应该是什么样的？这是一个教育之问，更是一个时代之问。我的理解是，AI时代是一个机器不断高级化、达到智能化的时代，如果想要永远挺膺站立在AI的前面、永远做AI的主人，就要不断放大强化“大写的人”。大写的人拥有优秀人格，涵育优秀人格一定不是训练那些注定会被AI替代的知识技能，而是着力发展人的高贵品性，比如善良与爱、悲悯与仁慈、勇敢与坚毅、同理心与责任感、想象力与创造力等。在AI面前，刷题训练得来的“一技之长”可能很容易被替代，而立德树人涵养的优秀人格将会站立不倒，他们有理想、有本领、有担当，能挑起家庭、国家的担子。

如果要在心底给他们画像，我会这样叙述：

他们应该是终身运动者，拥有健康的体魄。他们珍爱生命，热爱运动，充满活力，阳光开朗，积极向上，相信每一个明天比今天更美好。

他们应该是责任担当者，拥有高尚的品格。立身善良，心怀感恩，追求理想，包容大度，做人有尊严，做事守底线。他们热心公益，心系国家，胸怀天下，能担当起未来家庭、职业、社会三种角色的责任。

他们应该是问题解决者，拥有创造的本领。终身学习，独立思考，保持好奇心，富有想象力，崇尚科学，热爱劳动，勇于实践，善于创造。一事当前，他们不是一筹莫展的旁观者，不是怨天尤人的抱怨者，而是能用智慧解决问题的行动者。

他们应该是优雅生活者，拥有审美的素养。以敏锐的美感去发现美、体验美、创造美，热情大方、幽默豁达、从容优雅，追求高雅的精神生活，善于管理自我情绪，能够欣赏他人卓越，给社会带来温暖、和谐、快乐与美感。

资料来源：唐江澎．AI时代的学生应该是什么样［N］．中国教育报，2025-02-10.

## 活动与思考

### 职业规划早知道

**一、目标**

检测自身是否具备了基本的职业素养。

**二、活动形式**

自测自评。

**三、自我测试**

（1）我所学的专业是__________。

（2）本专业对口的岗位有________、________、________、________。

（3）我的目标岗位是__________。

（4）我了解这个岗位需要的专业技能是__________。

（5）我了解这个岗位需要的职业素养是__________。

（6）我了解这个岗位上游是__________，下游是__________。

（7）我了解这个岗位的核心能力是__________。

**【思考】**

通过测试，你是否具备了基本的职业素养？还有哪些方面可以改进？

企业、社会的用人需求远比学生在校园里所理解的更为复杂和全面。在校园环境中，同学们往往将注意力集中在专业技能的掌握或是社团活动的参与上，认为这些是衡量个人能力和价值的主要标准。然而，在职场中，任何工作都是立体且动态的，它要求员工不仅要具备扎实的专业技能，还要有良好的人际交往能力、团队协作能力、问题解决能力和创新思维。

## 职场故事

李明和张伟是同班同寝室的两名学生，他们带着对未来的无限憧憬踏入了这所高等学府。然而，尽管起点相同，两人却因在校期间的不同成长目标，走出了截然不同的人生轨迹。

李明，一个对未来有着清晰规划的青年，自入学第一天起就明确了自己的目标——成为一名优秀的企业管理者。他深知，要实现这一目标，仅凭课堂上的理论知识远远不够。因此，李明积极参与学校组织的各类活动与竞赛，无论是市场营销策划大赛还是创新创业项目，总能看到他忙碌而坚定的身影。他利用课余时间深入研究市场动态，与团队成员紧密合作，多次获奖不仅为他积累了宝贵的实践经验，更让他在校园内小有名气。

假期，当其他同学选择回家休息或短途旅行时，李明则主动寻找与企业管理相关的实习机会。从最初的行政助理到后来的项目协调员，每一次实习都让他对企业的运作有了更深的理解。他善于观察、勤于思考，总能在实习中学习到新知识，并将之应用于实际工作中，赢得了上司和同事的一致好评。

相比之下，张伟则显得更为随性。他对学习保持着基本的热情，但更多的是凭兴趣参加一些社团活动，如摄影社、文学社等，这些经历虽然丰富了他的大学生活，但在职业规划上却显得有些模糊。张伟偶尔也会思考未来，但总是觉得时间还早，没有紧迫感。每当被问及毕业后的打算，他总是含糊其词，说"看情况吧"。

转眼间，四年时光如白驹过隙，毕业季悄然而至。面对就业市场的激烈竞争，李明凭借着丰富的实践经验、出色的简历以及多次获奖的经历，轻松获得了多家知名企业的面试通知，并最终成功入职一家待遇优厚、发展前景广阔的企业，担任管理培训生的职位，踏上了职业生涯的快车道。

张伟在撰写简历时才发现，除了基本的学业成绩和参与的一些社团活动，自己几乎没有拿得出手的实践经验或专业技能。面对招聘官的提问，他常常感到力不从心，简历显得空洞无物，缺乏竞争力。

李明和张伟的故事在校园里并不少见，两种截然不同的成长路径形成了鲜明对比。

**【思考】**

（1）你认为李明和张伟的成长路径，关键区别在哪里？

___

___

___

（2）你认为校园内有哪些成长路径？

## 二、主动式成长

在校园里，许多学生遵循着固定的日程表，从早到晚，按部就班地穿梭于教室、食堂、宿舍之间，仿佛生活的全部就是完成老师布置的任务，参加规定的考试。他们或许能够取得不错的学业成绩，但内心深处却缺乏一种对知识的渴望和对未来的憧憬。这种状态下的学习，更多的是出于外在的压力，而非内在的动力。

李明与张伟的故事，背后隐藏着一个更为深刻的教育启示：同学们需要警醒于一种普遍存在的非自主状态——惯性地上学与放学，被动地学习与生活。这种状态，如同温水煮青蛙，让人在不知不觉中失去了主动追求成长的动力。

### （一）深入地理解成长认知

成长认知，是指个体对自己成长过程的理解与认知。它包括了对自己成长阶段的认识、对成长动力的把握、对成长路径的规划以及对成长结果的预期。深入地理解成长认知，意味着我们需要不断地反思自己的成长过程，理解自己的成长需求和动力，明确自己的成长目标和路径。

首先，我们需要认识到，成长是一个持续不断的过程。它不会因为某个阶段的结束而终止，也不会因为某个目标的达成而停滞。因此，我们需要时刻保持对成长的敏感性和开放性，不断寻找新的成长点和动力源。

其次，我们需要明确自己的成长目标和路径。成长目标是我们追求的方向和动力，而成长路径则是我们实现目标的具体步骤和方法。明确的目标和路径可以帮助我们更加高效地利用时间和资源，避免在成长过程中迷失方向或浪费精力。

最后，我们需要对成长结果进行预期和评估。预期是对成长目标的合理设定和期待，而评估则是对成长过程和结果的反思和总结。通过预期和评估，我们可以更加清晰地认识自己的成长状况，及时调整成长策略和方法。

### （二）有意识地调整成长策略

有意识地调整成长策略，是指我们在成长过程中，根据自身的实际情况和外部环境的变化，主动调整自己的成长方向、方法和速度。这种调整不是盲目地跟风或随大流，而是基于深入的理解和反思，是对自己成长需求的精准把握。

首先，我们需要根据自身的实际情况调整成长方向。每个人的成长背景和经历都是不同的，因此我们需要根据自己的兴趣、能力和价值观来选择适合自己的成长方向。只有这样，我们才能在成长过程中保持持久的动力和热情。

其次，我们需要根据外部环境的变化调整成长方法。外部环境包括社会环境、经济环境、技术环境等，它们都在不断地变化和发展。因此，我们需要时刻保持对外部环境的敏感性和适应性，不断调整自己的成长方法，以适应外部环境的变化。

最后，我们需要根据成长结果调整成长速度。成长速度是指我们在成长过程中取得成果的速度和效率。不同的成长阶段和目标需要我们以不同的速度来推进。因此，我们需要根据成长结果来评估自己的成长速度，及时调整自己的节奏和步伐。

### （三）主动管理成长惯性

成长惯性，是指我们在成长过程中形成的一种固定的思维模式和行为习惯。这种惯性可能会阻碍我们的成长和发展，使我们陷入一种固化的状态。因此，我们需要主动管理成长惯性，打破这种固化的状态，实现真正的成长。

首先，我们需要认识到成长惯性的存在。成长惯性往往是一种无意识的、自动化的行为模式。我们需要时刻保持对自己行为模式的警觉和反思，及时发现并纠正成长惯性带来的负面影响。

其次，我们需要采取积极的措施来打破成长惯性。这包括改变思维方式、拓展行为模式、寻求新的学习机会等。通过改变思维方式，我们可以打破原有的思维框架，拓宽自己的视野和思路；通过拓展行为模式，我们可以尝试新的行为方式和习惯，打破原有的行为惯性；通过寻求新的学习机会，我们可以不断吸收新的知识和技能，提升自己的综合素质和能力。

最后，我们需要建立一种持续学习和成长的心态。成长是一个持续不断的过程，我们需要时刻保持对学习的热情和追求。只有不断学习和成长，我们才能不断打破成长惯性，实现真正的自我超越和发展。

成长是动态的，我们需要时刻保持对企业和社会的关注度，培养职业的敏感性和信息的开放性。成长是持续的，我们需要在不断变化的外部环境中保持持久的动力和热情，需要建立一种持续学习和成长的心态，不断吸收新的知识和技能，提升自己的综合素质和能力。只有这样，我们才能在这个充满挑战和机遇的时代中立于不败之地，实现自己的人生价值和梦想。

#### 拓展阅读

**杨振江：革新路上不停歇**

核对图纸、切割、焊接、打磨链轮……周口某食品有限公司的设备维修车间，机器轰鸣。记者见到杨振江时，他正在车间忙碌着，对奶糖输送机的链轮进行改造加工，从图纸设计到链轮的完美呈现，整个过程轻松“拿捏”。

杨振江是该食品有限公司的高级工程师，他最大的特点就是善于解决各类“疑难杂症”。他凭着勤学苦练、勇于担当、不服输的精神，一次次将别人眼中的“不可能修好”变成“完美”。

杨振江 2019 年入职以来，每天扎根生产一线，始终走在改造创新的路上。他研究出的自动加油程序、自动包装输送系统、蒸汽回收系统等获得国家专利。杨振江也先后获得“周口市大工匠”“周口市最美职工”等荣誉称号。

“我没有上过大学，主要靠自学。”杨振江告诉记者，刚开始工作时，他就是一名普通工人，但是他对生产车间的设备有很浓厚的兴趣，工作之余天天钻研，在网上学、买书学，向别人请教，慢慢就熟悉了。如今，从各种软件画图、编程到生产制造，他全程“拿下”。

唯有热爱，方能专精。这正是杨振江不怕困难、担当有为的动力之源。

“没事的时候我就喜欢往车间跑。”在车间，杨振江总能发现问题并解决问题。圆柱奶糖打蛋机内齿圈寿命短、维护频繁、浪费人工，经过他改造优化，一个内齿圈使用了 3 年还没坏，大大提升了生产效率。圆柱奶糖十滚轴原来每天要维修 5～8 次，极大地制约了生产时间，他经过多次优化改造，现在的十滚轴能够使用 3～5 个月，产能由原来的 400 箱提升到现在的 600 箱。他设计的蒸汽回收系统，将生产中的蒸汽余气用于巧克力、奶油保温，真正实现低碳环保、绿色生产……一路走来，每一项革新都是杨振江坚持、专注和敬业的凯歌。

一个人的努力是加法，一个团队的努力是乘法。杨振江特别注重培养青年员工，带了很多徒弟。在他看来，做好传帮带是自己义不容辞的责任，他毫无保留地将所知所悟传授给他们，也将敬业、精益、专注、创新的工匠精神传承了下去。

## 活动与思考

### 测一测我们的主动性

**一、目标**

通过测试题，检测我们对周围环境的主动融入度和对未来职业的把握度。

**二、活动形式**

自评自测。

**【思考】**

(1) 课程选择与学习方式。

在选课过程中，我是自主选择自己感兴趣的课程，还是仅仅按照学校的必修要求来选择？我是否尝试过自主学习，如在线课程、阅读专业书籍等，来拓宽自己的知识面？

________________________________________

________________________________________

________________________________________

________________________________________

(2) 时间管理。

我是否能够合理安排自己的课余时间，用于自我提升，如参加学术讲座、阅读文献、进行社会实践等，而不是仅仅沉迷于打游戏、看剧等娱乐活动？

(3) 社团活动与兴趣培养。

我是否主动参与了自己真正感兴趣的社团活动，并在其中担任了领导或核心成员的角色，从而促进自己的领导力和团队协作能力的发展？

(4) 职业规划与自我探索。

我是否已经对自己的未来职业有了初步的规划，并通过实习、兼职等方式，了解了自己真正感兴趣的领域和行业？

(5) 团队合作与项目管理。

在参与团队项目时，我是否能够像职业人士一样，承担起自己的责任，与团队成员有效沟通，共同推动项目的进展？

(6) 优先级管理。

在学习和工作中，我是否能够像职业人士一样，合理安排时间，优先处理重要且紧急的任务，从而提高自己的工作效率？

（7）专业技能与证书获取。

我是否已经通过自学或参加培训课程，掌握了与未来职业相关的专业技能，并考取了相应的证书，以增强自己的竞争力？

（8）网络构建与人际交往。

我是否已经开始主动构建自己的职业网络，与行业内的人士建立联系，并通过参加行业会议、研讨会等方式，了解行业的最新动态和发展趋势？

通过这些场景思考题的引导，同学们可以更加清晰地认识到自己在校园中可以更加自主和更加职业化的方面，从而有针对性地提升自己的能力和素质，为未来的职业生涯打下坚实的基础。

## 启思导行

下面是企业面试时的常见问题，请思考一下这些问题到底在考查求职者的什么能力。

（1）请你做一下自我介绍。

（2）为什么你对这个职位感兴趣？

（3）你对我们公司了解多少？

（4）你最擅长的技术方向是什么？

（5）你是如何处理工作中的挑战和压力的？

（6）你是如何看待团队合作的？

（7）说说你对行业、技术发展趋势的看法？

（8）你对工作的期望与目标何在？

（9）你是如何看待加班的？

（10）如果公司录用了你，但工作一段时间后却发现你根本不适合这个职位，你会怎么办？

（11）你的职业规划是什么？

（12）你在工作中遇到过怎样的困难？你是如何解决的？

（13）你做过的哪件事最令自己感到骄傲？

（14）你是如何看待公司的发展和创新的？

（15）在完成某项工作时，你认为领导要求的方式不是最好的，自己还有更好的方法，你会怎么做？

（16）你是如何看待公司文化和价值观的？

（17）你是如何看待反馈和批评的？

（18）你如何看待个人职业发展与公司利益的关系？

（19）你如何看待自己的定位和角色？

（20）你欠缺工作经验，如何能胜任这项工作？

（21）你是如何看待个人时间管理和工作优先级的？

（22）谈谈你过去做过的成功案例。

（23）你是如何看待个人成长和学习的？

（24）你如何看待个人职业发展与家庭生活的平衡？

（25）你认为这份工作最重要的是什么？

（26）你是如何看待个人品牌和形象的？

（27）你是如何看待跨部门合作和沟通的？

（28）你怎样看待学历和能力？

（29）你是如何看待公司的管理和决策机制的？

（30）最能概括你自己的三个词是什么？

## 第三节　实践自我

企业需要的员工状态是能够“做成事、做好事”，而不仅仅是“做了事、想做事”。从“想到”到“做成”，需要我们在具体的事件中，在当下现有的资源里进行有意识、有目标、有秩序的积累。

本节我们将学习成长的相关规律，了解校园成长的相关路径，做好融入职场的初步准备。

### 职场故事

在繁华都市的一隅，有一家名为“未来视野”的咨询公司，这里汇聚了各路精英，他们以解决企业最棘手的问题为己任。李明，一个刚从商学院毕业的年轻人，踏入了这家公司的大门，梦想着在这里大展拳脚。

入职初期，李明凭借其深厚的理论知识，在团队会议上频频引经据典，从SWOT

分析到波特“五力”模型，信手拈来，让同事们刮目相看。他以为掌握了这些管理学的概念就等于拥有了解决复杂商业问题的能力。然而当真正面对客户的实际问题时，李明却发现自己常常陷入“纸上谈兵”的困境。

一次，公司接到了一项紧急任务——帮助一家传统制造业企业转型升级。李明作为项目小组成员，满怀信心地提出了一系列基于最新管理理论的改革方案。但在实施过程中，他遇到了前所未有的挑战：员工对新系统抵触、市场反馈不如预期、供应链调整引发混乱……这些问题让李明措手不及，原本看似完美的计划在实践中屡屡受挫。

关键时刻，团队中的老前辈张总出手相助。张总没有立即提出新的理论模型，而是深入一线，与员工交谈，了解他们的顾虑；同时，他亲自走访市场，收集第一手数据。在此基础上，张总结合实际情况，对李明的方案进行了大幅度调整，不仅保留了理论中的精髓，更重要的是融入了企业的实际情况和员工的实际需求。几个月后，企业转型取得了显著成效，客户满意度和员工士气大幅提升。

这次经历对李明来说是一次深刻的教训。他开始意识到，掌握书本上的理论与解决实际的问题之间还有很长的路要走。

**【思考】**

（1）你认为李明措手不及的原因是什么？

______________________________

______________________________

______________________________

（2）在学习新知识时，你通常会怎么做来确保自己不仅理解了概念，还能将其应用到实际工作中？

______________________________

______________________________

______________________________

## 一、成长规律与原理

### （一）概念、能力、状态

职业素养的培养，是一个从概念到能力再到状态的逐步进阶的过程。在这个过程中，我们不仅需要掌握专业知识，还需要学会如何将这些知识转化为实际行动，最终达到一种稳定、高效的职业状态。

概念，是职业素养培养的起点。它涵盖了我们所学的专业知识、行业规则、职业道德等方面的内容。对于在校学生而言，掌握这些概念是职业素养培养的第一步。例如，在市场营销专业中，我们需要了解市场调研、目标市场、产品定位等基本概念；在会计专业中，我们需要掌握会计准则、财务报表分析等专业术语。这些概念不仅是我们未来从事相关职业的基础，更是我们理解职场规则、作出正确决策的重要依据。

然而，掌握概念并不意味着我们就能直接将其应用于实践。很多时候，我们需要在理解概念的基础上，通过案例分析、模拟演练等方式，将这些理论知识转化为实际操作能力。只有这样，未来我们才能在职场中更加游刃有余。

能力，是职业素养的核心体现，它不仅仅是对概念的简单应用，更是对概念的深化和创新。以计算机专业为例，当我们学习了编程语言、数据结构等基础知识后，就需要通过编写程序、解决实际问题来提升自己的编程能力。在这个过程中，我们可能会遇到各种挑战和困难，但正是这些挑战促使我们不断学习、不断进步。同时，我们还需要学会如何用所学知识解决实际问题，通过创新和实践来提升自己的职业素养。

除了专业能力外，我们还需要培养一些通用的职业能力，如沟通能力、团队协作能力、解决问题的能力等。这些能力不仅有助于我们更好地完成工作任务，还能提升我们的职场竞争力。

状态，是稳定输出的职业境界。当我们通过持续地学习和行动积累了一定的经验和能力后，就会逐渐达到一种职业化的状态。这种状态是指我们能够不受外界干扰而稳定地输出某种行为，完成每一项任务。

达到这种状态并不容易，它需要我们具备高度的专注力、自律性和抗压能力。例如，在面临紧张的项目截止日期时，我们需要保持冷静，集中精力完成任务；在面对复杂的问题时，我们需要迅速找到解决方案并付诸行动。这些都需要我们在日常学习和生活中不断锻炼和提升自己。

同时，我们还需要学会如何调整自己的心态和情绪状态。在职场中，我们难免会遇到各种挑战和困难，但只要保持积极的心态和乐观的情绪状态，就能够更好地应对这些挑战并从中汲取成长的力量。

对于在校学生而言，我们需要从掌握基本概念开始，通过实际行动来培养自己的职业能力，同时还需要不断调整自己的心态和情绪状态以达到稳定的职业化境界。只有这样，我们才能在未来的职场中脱颖而出，成就一番事业。

### （二）定向、持续、有序

很多时候，我们之所以未能迈出实践的第一步，往往是因为内心的担心与焦虑。担心自己的能力不足，焦虑未来的不确定性。然而，真正的成长往往始于行动。正如竹子在最初的几年里默默扎根，看似毫无动静，实则是在为日后的破土而出积蓄力量。在校学生同样如此，面对学业、社交、职业规划等多方面的挑战，我们不应让担心与焦虑成为阻碍，而应将其转化为行动的动力。比如，当我们担心自己的英语水平不够时，不妨每天抽出时间坚持背单词、练习听力和口语；当我们焦虑未来的就业方向时，可以积极参加实习、社团活动，探索自己的兴趣与潜力所在。行动是治愈焦虑的良药，只有真正动起来、做起来，我们才能在实践中发现自己的不足，进而寻找到提升的方法。

行动固然重要，但方向同样关键。在实践中，我们很容易因为一时的迷茫或诱惑而偏离成长的轨道。因此，把握住方向，进行实时调整与动态管理显得尤为重要。这需要我们设定清晰的目标，并围绕目标制订具体的行动计划。同时，我们还要学会定期反思与评估，检查自己的行动是否与目标相一致。比如，在学业上，我们可以设定每学期的学习目标，并制订相应的学习计划，包括每天的学习时间、复习进度等。在实施过程中，如果发现进度滞后或方法不当，应及时调整学习计划，确保自己始终朝着目标前进。此外，我们还可以寻求老师、同学或职业规划师的帮助，从他们的反馈中汲取营养，为自己的成长之路提供指引。

成长是一个长期的过程，它需要我们保持持续、定向、有序的努力。在这个过程中，我们难免会遇到瓶颈期，感觉进步缓慢甚至停滞不前。然而，这正是成长的关键时刻，只有坚持下去，才能突破卡点，实现质的飞跃。比如，在学习编程时，初学者可能会因为语法复杂、逻辑难以把握而产生挫败感。但只要我们持续学习，不断练习，逐渐掌握编程的思维方式和技巧，就能逐渐克服这些困难，提升自己的编程能力。同样，在职业规划上，我们也可能因为行业变化、市场需求等因素而面临挑战。但只要我们保持定向的努力，不断关注行业动态，提升自己的核心竞争力，就能在职场上立于不败之地。此外，有序的努力也是成长的关键。我们需要合理安排时间，确保每一项任务都能得到充分的关注和投入，避免因为忙碌而忽略重要事项。

总之，务实行动是实现自己目标的核心。我们需要将担心与焦虑转化为行动的力量，把握住成长的方向，进行动态管理，保持持续、定向、有序的努力。在这个过程中，我们或许会遇到困难和挑战，但只要坚定信念、勇往直前，就一定能突破成长的瓶颈，实现自我价值的最大化。

## 拓展阅读

自然界中有一种植物，它以独特的生长规律向我们揭示了生命坚韧与成功的真谛。这种植物就是竹子。竹子在前四年的时间里，仅仅增长 3 厘米，而到了第五年，却能在短短 6 周内，以每日 30 厘米的速度飙升。这看似神奇的现象背后，实则是竹子在悄然无声中深扎根基、厚积薄发的过程。这种现象被称作“竹子定律”，它不仅适用于植物界，更深刻映射出人类社会中成功者的成长轨迹。

竹子的生长过程充满了耐心与坚持。在最初的几年里，它似乎毫无动静，只是默默地扎根土壤，积蓄力量。然而，一旦时机成熟，它便会以惊人的速度破土而出，迅速成长，直插云霄。这种厚积薄发的精神，告诉我们成功往往需要长时间的积累和准备，不能急于求成。在学习和工作中，我们也应该像竹子一样，脚踏实地，不断积累知识和技能，为未来的爆发打下坚实的基础。

## 活动与思考

### 翻牌游戏

**一、游戏准备**

每个小组需要黑色、红色各1～13张扑克牌，共26张。开始前将扑克牌背面朝上随机摆放在桌子上。

**二、游戏规则**

4个小组同时进行，各组人员数量相同。各小组成员按本组商议的流程完成逐一上前翻牌的任务，每人上前随机翻开一张查看，要求必须按照黑色1、红色1、黑色2、红色2、黑色3、红色3……的顺序依次翻开，直到翻开所有牌面。最早完成的小组为获胜组。例如：小组第一位成员上前翻开查看牌面为红色6，则需放回原处且背面朝上，并回队尾，由第二位成员上前继续，直到有人翻出牌面为黑色1，则将牌面朝上亮出，即可接着寻找红色1，以此类推。

**三、时间安排**

15分钟。

**【思考】**

（1）你的小组没有成功或成为获胜组的原因是什么？

______________________________

______________________________

______________________________

（2）若再来一次，你们会优化哪些做法？

______________________________

______________________________

______________________________

自我实践是一条既充满挑战又极具价值的道路。在这个过程中，务实行动显得尤为重要。务实不仅仅意味着真正地行动起来，将担心、猜测、迷茫都转化为实际行动的力量，更意味着在行动中把握住方向，进行实时调整与动态管理，确保每一步都朝着既定的成长目标迈进；同时，还需要保持持续、定向、有序的努力，因为成长是一个长期的过程，只有如此，才能在遇到瓶颈时突破卡点，实现从量变到质变的飞跃。

## 二、实践自我——与成长同行

### （一）职校“三步走”

对于职业学校的学生而言，立足校园是获取知识、技能与经验的首要步骤。在校期间，我们能够通过多个维度提升自己的综合能力，但是要谨记，基于学生的身份与角色，我们依然要将学习放在首位。知识与技能是我们在职场的核心竞争力，而素养、能力则是核心竞争力的重要组成部分。因此，我们要主次分明，明晰未来校园生活的三年中，在不同的阶段里，逐步完成自我实践、自我提升。

一年级时，我们应迅速适应校园环境，明确学习目标，通过合理安排时间，平衡学习与休息，着重提升基础技能和职业素养。我们需掌握本专业的基础知识，了解行业概况，积极参与各类专业课程与实践活动，培养良好的学习习惯和团队协作精神，建立良好的师生关系与同学友谊，为校园学习与成长提供坚实的基础，确保自己能够稳步前行，为职业生涯铺路。

二年级时，我们需进一步深化专业技能的学习，实现从理论到实践的过渡。我们应积极参与实训项目，锻炼解决实际问题的能力，加强沟通与自我管理，学会在团队中发挥自己的优势，提升职业素养与综合能力。

到了三年级，我们需全面准备进入职场，完成从学生到职业人的转变。此时，我们不仅要精通专业技能，还要注重创新思维的培养，提升解决实际复杂问题的能力。此外，我们还需加强职业规划能力，了解就业市场，掌握求职技巧，为顺利步入职场做好充分准备。这一过程是能力全面提升的关键阶段，为我们未来的职业发展奠定坚实的基础。

### （二）综合成长的方式

人的成长不仅是学习知识与技能、素养，也要去体会校园生活，完善人格的培养，成为一个幸福充实的人。在成长路上，我们不断地通过实践与挑战，完善自己的人格，学会如何在挫折面前坚韧不拔，在成功之时保持谦逊。成长，是逐渐懂得自我反思与调整，是学会关爱他人、理解社会的深意。最终，这一切的努力与经历汇聚成一股强大的力量，推动着我们成为一个内心充实、有能力感知并创造幸福的人。在这个过程中，我们学会了珍惜，学会了感恩，更学会了如何以一颗温暖而坚韧的心，去拥抱这个多彩的世界。

#### 1. 培养一项兴趣爱好

在校园生活中，培养一项兴趣爱好是丰富课余时光，促进个人成长、职业成长的重要方式。我们可以通过参加学校的社团或兴趣小组，比如绘画社、音乐社、专业相关社团等，与志同道合的同学一起交流学习。这样不仅能系统地学习技能，还能在实践中逐步深化对兴趣的理解与热爱。培养兴趣爱好的益处在于，它能让人在学习之余找到释放压力的出口，同时也有助于提升综合素质，为校园生活增添更多色彩与乐趣。

#### 2. 积极参加各类活动

以校园活动为实践载体，积极参加校内各类活动，无论是学校组织的学术讲座、社团活动，还是校外的志愿服务、专业竞赛等，都能丰富我们的课余生活、提升综合素质，与不同的学生、教师碰撞出新的思维，能更大程度地拓宽我们的视野，增强了自己的实践能力，还能让我们学会团队合作与沟通协调。在参与活动的过程中，能够不断挑战自我，突破极限，努力实现个人价值与社会价值的统一。

3. 积极参加社会实践

积极参加社会实践，是不断提升自我、拓宽视野的重要途径。在这一过程中，我们不仅能够锻炼自己的沟通协调能力和团队协作能力，还能够切实提升自己解决实际问题的能力。同时，通过深入社会实践，我们有机会接触到更多社会资源，了解更多社会前沿的资讯，能进一步丰富我们的知识库，为未来的职业规划和人生发展奠定坚实的基础。

4. 提前了解职场资讯

提前了解职场资讯是规划职业生涯的重要一环，是帮助我们在职业化成长中提前做好职业规划、明确职业目标的重要一步。我们可以通过网络新闻报道、浏览专业招聘网站、关注行业动态公众号以及参加线上职业讲座等多种方式，及时获取职场最新动态等。这些手段不仅让我们对行业动态有更深入的了解，还让我们知道最新的企业用人标准，对人才的新要求，获得宝贵的求职经验和面试技巧。通过不断积累和学习，我们会更加明确自己的职业方向，为未来的职场之路打下坚实的基础。

实践自我是通往成功不可或缺的一环。实践，简而言之，就是将内心的想法、规划付诸行动，是现在与未来的桥梁。通过实践，我们不断积累经验，发现问题，解决问题，提升自己的能力和水平。

## 拓展阅读

### 曹博的成长故事

曹博在2024年世界技能大赛中为中国队赢得了金牌。这次比赛要求选手在17个小时内完成一系列复杂任务，解决实际问题。曹博在第一天因看不懂英文手册而发挥不佳，但随后他迅速调整心态，在团队的支持下最终成功夺金。他的奋斗过程充满挑战和艰辛，但他展现了极高的专业素养和坚韧不拔的精神，最终获得成功。

回顾曹博的成长历程，尽管中考成绩超过普高线，但他选择了中职学校的电子信息与技术专业。母亲起初不理解儿子的选择，但在儿子的说服下最终支持了他。曹博对电子产品有着浓厚的兴趣，平时节俭的他唯一花钱的地方就是购买训练工具。一次家中电视坏了，曹博修好了它，展示了他在电子技术方面的天赋。

成功的背后是曹博在训练中付出的努力。在学校集训队时，教练给了他两本专业书，曹博每天坚持做题，即使在大年三十也不落下。在比赛中，曹博面对语言障碍和高强度的任务，始终沉着冷静，依靠团队的支持最终完成比赛。他的坚定意志和团队精神着实令人敬佩。

## 活动与思考

### 爱好进阶之旅

**一、活动目的**

(1) 让参与者认识到学习要有系统的方法和步骤。

(2) 通过实践活动，教授并实践一套有效的学习框架。

**二、活动形式**

小组讨论交流。

**三、活动步骤**

(1) 每位参与者用3分钟介绍自己的一项兴趣爱好及掌握相关技能的过程。

(2) 小组中的记录者记下每位分享者说的主要方法，并反馈给小组成员。

(3) 小组讨论并总结出学习新技能的一般规律与方法。

(4) 按照“SMARTER”学习框架（Specific—具体、Measurable—可衡量、Achievable—可达成、Relevant—相关性、Time-bound—时限性、Engaging—引人入胜、Reviewable—可回顾），各位分享者提出下一阶段提升兴趣爱好的计划。

**【思考】**

兴趣爱好相关技能的掌握与学业水平的提升有什么相同之处？

______________________________

______________________________

______________________________

在校园里的时光，是一个人生命中一段宝贵而多彩的旅程。它不仅仅意味着书本知识的积累与考试的挑战，更是一个人探索自我、塑造个性、培养能力的黄金时期。每一堂课、每一次团队合作、每一次课外活动，都是我们成长的舞台。我们要学会从失败中吸取教训，从成功中总结经验，用好奇心去发现世界的美好，用热情去点燃梦想的火花。成绩固然重要，但它只是衡量我们成长的一个方面。更重要的是，我们要时刻反思自己是否学会了独立思考，是否懂得了责任与担当，是否能在挫折面前不屈不挠。充分利用在校园里的每一刻，不仅是为了考试，更是为了成为更好的自己，为未来铺就一条宽广而坚实的道路。因为，成长的道路有千万条，而我们的每一步，都是在书写属于自己的精彩篇章。

## 启思导行

结合自己的专业与个人兴趣爱好，锁定自己的目标岗位，了解目标岗位所需要的相关能力及职业资格证书，分析在校期间有哪些路径、资源可以培养目标岗位所需的能力，探索自己在校内可以成长的路径。

# 第二章 个性、场合与魅力

进入青春期的我们在校园里开始了独立生活，变得更加关注自己的个性，并希望通过各种方式展示自己的个性。那么，什么样的个性展示才是大家都愿意接受的？如何培养场合意识？怎样去塑造自己的个人形象？个性和魅力之间的关系又是怎样的？如何在不同场合去彰显自己的个人魅力？通过学习本章，我们将理解什么是场合、不同的场合有什么样的要求，明白个性的彰显需要与场合相适应，知道如何塑造个人形象，内外兼修地去涵养个人魅力，形成对角色与场合的意识，塑造个人形象，展现个人魅力，以实现与社会和环境的和谐互动。

# 第一节　场合意识

场合无处不在，每个场合都有特定的要求，培养场合意识对于我们适应不同场合及其特定要求，引领个人成长和发展具有重要作用。在职业环境中，我们更需要让自己的言谈举止符合职场环境，并以恰当的方式展示自己的职业素养和个人魅力，增强职场适应力和竞争力。那么，不同场合的特点和要求是什么？如何培养场合意识？怎样才能形成"合场"的习惯？通过本节的学习，我们将在合场的全局思维引领下，从服装、语言、态度、行为等多重维度，学会培养场合意识，让合场成为一种习惯。

## 职场故事

### 叶华的场合智慧

叶华是一位普通的上班族，在公司举办的重要客户答谢晚宴上，他作为接待人，根据每位客户的性格和喜好，灵活地调整自己的交谈方式和话题，既不过分热情，也不失礼貌和尊重，让每个客户都感受到了公司的诚意和关怀。晚宴结束后，客户们纷纷对叶华表示赞赏，认为他是一个懂得场合、情商高的人。

在晚宴结束后的一个周末，叶华和几位朋友相约去公园野餐。在公园里，他们遇到了叶华的上司张总，原来张总也带着家人来公园游玩。叶华本想上前打个招呼，但看到张总一家其乐融融的样子，他犹豫了，他担心自己的突然出现会打扰到张总，于是决定远远地看着，没有上前。几天后，在公司的一次例会上，张总却主动提到了那次公园相遇的事情。他说："那天在公园，我注意到了叶华。虽然他没有上前打招呼，但我能看出他是一个懂得场合礼仪的人。他知道在那种情况下，我们应该享受家庭时光，而不是被工作打扰。"

叶华听了，心里既惊讶又感动，他意识到，原来"场合"不仅存在于工作场所，更存在于我们生活的每一个角落。从那以后，他更加留意身边的"场合"，无论是与同事的交流、与客户的沟通，还是与家人的相处，他都努力做到得体、恰当。

**【思考】**

（1）什么是场合？场合包含哪些要素？

______________________________

______________________________

______________________________

（2）为什么在不同场合要表现出不同的行为举止？

______________________________________________

______________________________________________

______________________________________________

## 一、场合无处不在

### （一）场合初体验

“场合”是一个涵盖了时间、空间、人物、事件的综合性概念，由一组特定的对象和行为构成，通常指在特定的时间、地点以及社会、文化背景下，人们进行某种活动或交流的具体环境或情境。

场合既有普遍性，又存在独特性和差异性。在我们的日常生活中，无论身处何地、何时，都会面临各种各样的场合，这些场合可能是在办公室里的工作会议，也可能是在学校中的课堂讨论；可能是家庭中的温馨聚餐，也可能是朋友间的聚会聊天。不同的场合，其时间与地点、目的与功能、参与者角色以及期望与行为规范不同，人们也应采取不同的行为和言语，以符合场合的特点和要求。

基于活动性质、环境氛围这两个基本维度，现实社会中的场合可以分为社交场合、职业场合、学术场合、休闲场合等。

1. 社交场合

（1）家庭聚会：与家人团聚、分享生活的场合。

（2）朋友聚会：与朋友交流、放松的场合。

（3）商务宴请：商务交往中的宴请活动，注重礼仪和商务交流。

（4）同事联欢：同事之间的庆祝和娱乐活动。

2. 职业场合

（1）办公室：进行日常工作的场所。

（2）工厂：进行生产制造活动的场所。

（3）实验室：进行科学研究和实验活动的场所。

3. 学术场合

（1）学术会议：学者和研究人员交流学术成果的场合。

（2）学术讲座：专家或学者向公众传授专业知识的场合。

（3）研讨会：针对某一主题进行深入探讨和研究的场合。

4. 休闲场合

（1）旅游：外出游玩、欣赏风景的场合。

（2）购物：购买商品、休闲消费的场合。

（3）运动：进行体育锻炼、增强体质的场合。

（4）娱乐活动：如看电影、听音乐、参加聚会等，注重娱乐和放松的场合。

## 拓展阅读

### “场合四元组”理论

场合（Context）是一个四元组，C=(Scene，Role，Relation，Norm)，其中：Scene是指场合中的时间、地点、人物关联对象以及布局；Role是指场合中的各种人物角色，可分为个体角色与群体角色；Relation是指场合下人物角色之间的关系；Norm是指特定场合的从属规范，包含人物角色的既定行为模式与规则。

资料来源：杨帆，叶潇，曹存根．基于场合和角色的情绪知识获取与分析［J］．计算机工程，2006（15）．

### （二）走进职业场合

职业场合是一种常见的场合类型，与作为“准职业人”的我们息息相关。职业场合，指的是人们在工作环境中，基于职业角色和职责进行交流和互动的场所或情境。它涵盖了各种物理或虚拟的工作场所，如办公室、工厂、医院、学校、会议室、商务洽谈室、线上工作会议等，以及在这些场所中进行的各种职业活动和交流。

在职业场合中，由于工作性质、职责分工、组织结构的不同，存在着多种多样的角色，包括但不限于：管理者、员工（销售人员、财务人员、行政后勤人员等）、专业人士（医生、律师、教师等）、技术人员等。不同的职业角色承担着不同的职责和任务，共同构成了职业场合的运作体系。

职业角色和职责是职业场合中的核心概念。在职业场合中，每个个体都被赋予了特定的职责、义务和权利，共同构成了多样化的职业角色。职业角色不仅定义了个体在职场中的位置和职责，还会导致个体在着装、言谈举止、专业素养等职场形象方面的差异。了解并适应自己的职业角色和职责，塑造出符合职业要求和行业标准的职场形象，不仅能够提升个体的职业声誉，还能给团队和组织带来积极的影响。

职场形象映照了职业特点。职场形象是职场个体在他人心目中的印象和评价，直接反映了职业角色的特点和要求。例如，在医疗机构中，医护人员需要穿着整洁的制服，并严格遵守医疗程序和安全规范；在工厂或车间中，员工需要穿着特定的防护服，并遵守严格的安全操作规程；在商务会议上，与会人员需要穿着正式的西装、衬衫、职业套装等，展现个人的专业素养和职业态度。积极的职场形象有助于提升我们在职场中的竞争力。一个与职业特点相符的形象，能够让他人更快地认识到你的专业素养和职业精神，从而增加信任感和合作意愿。

职场形象展现个人魅力。适应不同职业角色，在着装、言行、态度、素养等多方面塑造符合职场标准的职业形象，是个体外在形象与内在气质的综合体现。良好的职业形象也是展示个人魅力的窗口。通过职业形象所展现出的专业素养、知识技能、个人气质，不仅有助于提升职业声誉，也可以提高职场认可度和竞争力，从而实现个人职业发展的长期目标。例如，客服代表在与客户沟通时，总是能够准确地记住客户的姓名、喜好和需求，让客户感受到被重视和尊重，从而提高客户满意度和忠诚度；人力资源专员在日常工作中总是乐于助人，积极帮助同事解决各种问题，人际关系非常融洽，这更有利于其开展工作。通过塑造积极、专业、有特色的职场形象，我们能够赢得他人的尊重和信任，为个人的职业发展奠定坚实的基础。

## 拓展阅读

### 冯新岩：电网的守护者

冯新岩是国网山东超高压公司变电检修中心的五级职员和电气试验班副班长，是一名电网安全守护者，被誉为“电网医生”“神探冯尔摩斯”。他总是身穿工作服，头戴安全帽，手持检测仪器，在电网设备间穿梭忙碌。通过长期的学习和实践，他总结出了一套独特的“望闻问切”设备缺陷查找处理方法，能够精准“诊断”特高压、超高压变电设备的健康状况，还参与了《GIS设备红外热像检测现场应用导则》和《智能型特高频局部放电在线监测装置技术规范》等两项中国电工技术协会团体标准的制定。冯新岩凭借出色的工作表现和专业素养，获得了多项荣誉和称号。他先后被授予全国五一劳动奖章、山东省劳动模范、齐鲁大工匠、国家电网公司变压器（高抗）检修专业首席专家、齐鲁首席技师、中央企业技术能手等荣誉称号和职务。冯新岩的工作不仅需要高超的技术水平，更需要严谨的工作态度和无私奉献的精神。作为电网安全的守护者和电力行业的杰出代表，冯新岩展现了一个电网工人的责任和担当。

## 职场故事

### 从失之交臂到合作共赢的转变

小明就职于一家知名广告公司，有一次，公司安排他与一个重要的潜在客户进行合作洽谈。初次会面，小明穿着时尚但略显随意的服装，在介绍方案时使用了大量流行的网络用语和较为夸张的表达方式。客户方的几位代表都是较为传统、严谨的行业资深人士，他们在会议过程中逐渐皱起了眉头。尽管小明的创意有亮点，但这次洽谈最终没有达成合作意向。

公司领导意识到可能是风格与场合氛围不匹配的问题，再次安排了一场非正式交流活动。这次，小明穿着得体的商务休闲装，介绍方案时言简意赅，重点突出创意背后的商业价值和市场调研依据，并根据客户的表情和反应及时调整自己的表达方式。客户逐渐改变了之前的看法，最终决定与公司合作。

这次经历让小明深刻认识到了场合意识的重要性：不同的场合需要不同的表现方式，只有契合场合需求，才能更好地达成目标。

**【思考】**

（1）小明为什么要转变个人风格呢？

(2) 不同场合为什么要表现出不同的行为举止？这个故事给了你什么启发？

## 二、培养场合意识，让合场成为一种习惯

### （一）提升自我，场合意识引领个体成长与发展

场合意识，是指个体在不同社会环境中，能够识别并适应相应行为规范和社交礼仪的能力，包括对不同场合（如社交场合、休闲场合、职业场合等）的识别，以及对这些场合中行为规范的掌握和运用。重视场合意识，培养场合意识，是一个非常重要的个人成长和社会适应的过程，它不仅体现在社交层面，还深入个人的心理、情感和职业发展等多个方面。

#### 1. 培养场合意识，有助于提升社交技能与适应性

在不同的社交场合，人们的交流方式和行为准则有所不同，懂得场合意识的人会主动融入氛围，根据环境调整自己的言行举止。例如，在学术研讨会上，人们会用专业、严谨的语言表达观点；在轻松的聚会中，人们又能使用幽默、通俗的语言活跃气氛。场合意识使人们能更有效地进行互动交流，建立良好的人际关系。

#### 2. 培养场合意识，有助于强化个人形象与魅力

场合意识使个体能够根据不同场合选择恰当的着装，表现出得体的言行和举止，从而展现自己的独特形象和魅力。例如，在正式的商务场合，穿着得体的职业装，行为端庄，语言严谨，会给人以专业、可靠、值得信赖的感觉；在参加婚礼的时候，注意着装符合喜庆氛围，遵守婚礼仪式的流程，不大声喧哗，会被周围人认为是有礼貌、有素养的人。懂得在不同场合恰当表现的人，不仅能够赢得他人的尊重和信任，还能够提升自己的社会形象和声誉。

#### 3. 培养场合意识，有助于促进职业发展和成功

场合意识能使人们识别并适应职场中的不同情境，如会议、谈判、团队合作等，从而更加有效地完成工作任务，实现职业目标。例如在项目会议中，有场合意识的员工会提前根据会议主题做好准备。在会议期间，他们在发言时能够用专业的语言阐述观点，在倾听时尊重他人的意见，很好地把握了团队融合的分寸感，这有助于展现专业素养和职业形象，从而获得职业发展和晋升机会。

总之，场合意识是一种不可或缺的能力。良好的场合意识能帮助人们更好地融入社会、理解他人，并在不同场合展现出恰当的行为举止，进而提升自己的社交技能与适应性，强化个人形象与魅力，促进职业发展和成功，引领个体成长与发展。

## 拓展阅读

### 晏子使楚

春秋时期，齐国大夫晏子出使楚国。楚王想借机羞辱晏子和齐国，便在晏子进城时，故意让人在城门旁边开了一个五尺来高的洞，让晏子从这个洞进去。晏子深知自己代表的是齐国的形象，不能轻易妥协，于是巧妙地运用语言逻辑，说："这是个狗洞，不是城门。只有访问'狗国'，才从狗洞进去。"在朝堂上，楚王再次刁难晏子，问齐国是不是没有人了才派他来。晏子明白这是在质疑齐国的人才储备和对他个人能力的贬低。他先是用夸张的手法描述齐国的人口众多，再以一种自嘲且巧妙的方式回应："齐国派遣使臣，各有各的出使对象，贤明的人就派遣他出使贤明的国家，无能的人就派遣他出使无能的国家，我是最无能的人，所以就只好出使楚国了。"在这种庄重的外交场合中，晏子始终保持着机智和冷静，巧妙地应对楚王的刁难，在展现极高修养和场合意识的同时，又维护了齐国的尊严和自己的身份。

### （二）知行合一，培养场合意识

#### 1. 认识不同的场合特点

首先，培养场合意识，需要在认知层面辨析各个场合的特点与要求。场合无处不在，但由于时间、空间、人物和事件存在差异，不同的场合或情境对我们的服装、语言、态度、行为四方面有着不同的期望和规范，每个场合都是有特定要求的。我们都希望自己能够适应不同场合、融入职业环境并展现出得体、恰当的行为，这就要清楚了解各个场合的特点与要求，学习并理解该场合中应遵守的行为准则，进而将内在认知转化为外部行动，在各个场合达到"合场"的标准。场合合场要素如图 2-1 所示。

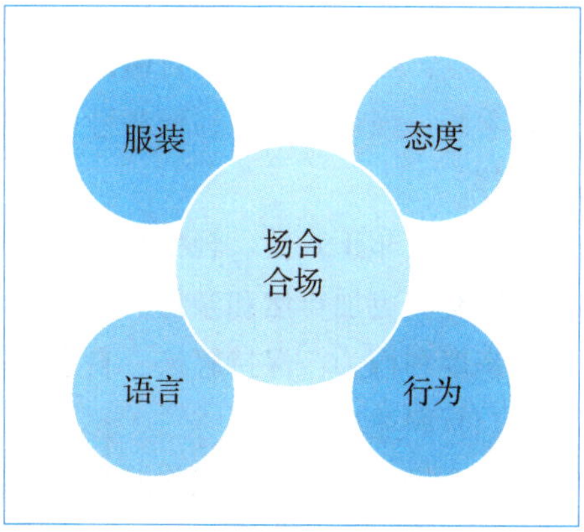


图 2-1　场合合场要素

不同的场合有不同的特点和要求。在广泛而复杂的场合中，与我们息息相关的是学习场合、社交场合、休闲场合和职业场合。

（1）学习场合。

学习场合是人们开展学习活动、获取知识或技能、提升自我能力的场所。它既可以是传统的教室、图书馆、实验室等实体空间，也可以是线上学习平台、虚拟教室等虚拟空间。

特点：强调目的性、互动性和灵活性；参与者通常具有明确的学习任务。

着装：整洁得体、舒适自然，以服务学习任务为主；根据不同的学习场合选择合适的着装。例如，在实验室中应穿着实验服，以确保安全和卫生。

语言：表达清晰准确，能准确传达自己的观点；使用文明用语，避免使用粗俗、冒犯性或侮辱性的语言，以免损害学习氛围和人际关系。

态度和行为：专注认真，避免分心和走神，确保学习的质量和效率；积极主动，与教师、同学进行互动，共同讨论问题、分享见解，以加深对知识的理解和掌握；遵守学习场所规则，在需要保持安静的学习场合，如图书馆、自习室等，应尽量减少噪声，避免大声喧哗或制造不必要的干扰。在学校，应该按时上课，不迟到早退等。

（2）社交场合。

社交场合是人们进行社会交往活动的场所，包括家庭聚会、朋友聚会、商务宴请、同事联欢、舞会、音乐会等。

特点：强调互动性、交流性和娱乐性；参与者通常具有不同的社会背景和兴趣爱好。

着装：较为灵活，可以根据场合的性质、参与者的身份以及个人喜好来选择；男士可穿休闲西装、衬衫等；女士可穿连衣裙、套装、高跟鞋等，并可佩戴适当的首饰和配饰。

语言：礼貌得体，幽默风趣；学会倾听、包容，尊重他人的想法和意见。

态度和行为：保持礼貌、热情、友好的态度，尊重他人，注意言谈举止的得体性；具备一定的社交技巧，注意人际互动与礼节；主动与他人交流、倾听他人意见、适时表达自己的想法等。

（3）休闲场合。

休闲场合是人们在日常生活中用于放松、娱乐的场所，如旅游、购物、运动、看电影等。

特点：强调舒适性、自由性和娱乐性；参与者通常是为了放松身心而聚集在一起。

着装：强调舒适性、便利性，可根据个人喜好和活动性质选择穿着，如运动服、休闲装等。

语言：非正式性，轻松自在，更加侧重情感的表达；可以使用日常口语、俚语或方言，使交流更加自然和亲切。

态度和行为：保持轻松、自在的态度；尊重他人，共同享受休闲时光。

（4）职业场合。

职业场合是人们在工作环境中进行各种职业活动的场所，如办公室、会议室、工厂车间、医疗机构、教育机构等。

特点：强调规范性、专业性和效率性；参与者通常具有明确的职业身份和职责。

着装：正式、保守、传统，避免穿着过于随意或夸张的服装；可穿制服、套装、工作服等，以展现专业素养和严谨态度。

语言：清晰、准确、高效、流畅地表达；使用礼貌性用语，例如，使用“请”“您”“谢谢”等词语；使用专业术语，体现专业素养和知识储备。

态度和行为：专业、严谨、负责，遵守工作纪律和规章制度；高效完成工作任务，杜绝有违职业形象的行为。

### 2. 培养场合意识的方法

培养场合意识，需要在行动层面将对不同场合的环境认知有效转化为实际的职业化行动。

（1）行为的适应性调整。根据不同场合的特点和要求，及时调整自己的行为方式和态度，以适应场合的要求。例如，当我们从日常的休闲场合进入正式的工作会议场合时，需要迅速调整自己的行为。在着装方面，可能需要从穿着随意的休闲装换成整洁、得体的正装；在言谈举止方面，要从轻松、随意的交流方式转变为专业、严谨的表达方式，注意语言的准确性和逻辑性，避免使用过于口语化或不恰当的词汇。

（2）沟通的针对性表达。根据不同场合的环境特点、沟通对象的身份和需求，选择合适的沟通方式和内容，进行针对性的表达。例如，在面向专业领域内的专家学者的学术研讨会上，需要运用专业、准确的学术语言，注重逻辑的严密性和论证的充分性，避免使用模糊不清或过于通俗的语言；在日常与朋友相处的休闲场合，我们可以使用更加轻松随意的表达，着重描述情绪化的体验。

（3）形象的职业化塑造。通过外在的着装、仪表以及内在的气质、修养等方面，在不同场合塑造出符合职业化要求的专业形象。例如，在职场环境中，我们可以选择简洁大方的套装，或专业的工作服装，以展现出自己的专业和自信。同时，我们要注重自己的仪表仪态，保持良好的姿势，走路时步伐稳健、轻盈，眼神专注、亲切，面部表情自然、得体，给人留下积极向上、专业可靠的印象。

（4）能力的专业化展现。根据不同场合的特点和要求，通过运用专业知识、技能和经验解决问题，是契合职业化认知、增强职场竞争力的重要方式。例如，市场营销人员运用市场调研、品牌推广、渠道管理等专业技能，满足客户需求；科研人员在自己的专业领域内，通过深入的文献研究、实验设计与数据分析，推动理论创新和研究突破；教育工作者运用教育学、心理学等专业知识，结合教学实践经验，设计教学方案，采用合适的教学方法和手段，激发学生的学习兴趣和潜能；医护人员面对患者时，运用扎实的医学专业知识，通过询问病史、体格检查、实验室检查和影像学检查等多种手段，全面、准确地了解患者的病情。展现专业能力，体现职业素养，是职业认知行为外化的积极表达。

培养场合意识需要知行合一，我们不仅要了解和理解不同场合的特点、要求、规则和礼仪，还要将这些认知转化为实际行动，并在不同场合展现出与场合相匹配的行为举止和态度，从而更加自如地展示与提升个人魅力，促进职业生涯的发展与成功。

## （三）持之以恒，让合场成为一种习惯

培养场合意识，是为了达到合场。合场，是指言谈举止符合环境的职业化认知并有对应的行动。合场要求我们在不同的工作环境或职业场景中能够敏锐地感知并理解该环境下的职业化认知，通过调整自己的言谈举止和实际行动，使自己更好地融入其中，展现出专业、得体的职业形象，从而有效地开展工作，实现个人的职业发展目标。

怎么样才算合场呢？一是要达成工作目标；二是要关照周围人的感受；三是要合乎自己接纳的感受。因此，想要让合场成为一种习惯，并非一朝一夕的事。我们需要长期关注，持续积累，真正认同并认可这些与场合相适应的行为，才能由内而外自然地与场合进行融合和对接，个人魅力才会随之展现。合场的标准如图 2－2 所示。

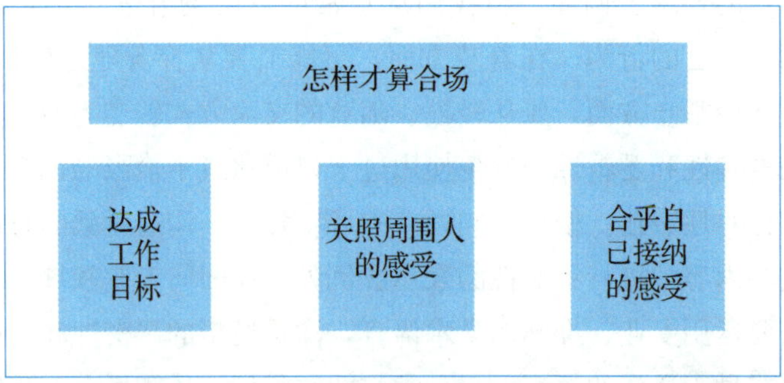


图 2－2　合场的标准

## 活动与思考

### 合场习惯养成记

**一、活动目标**

学生记录自己在校园中的合场行为，并进行自我反思以获得成长，从而能够自然而然地遵守场合规则，让合场成为一种习惯。

**二、活动形式**

用校园合场行为记录表（见表 2－1）进行记录。

表 2－1　校园合场行为记录表

学生姓名：＿＿＿＿＿＿＿＿　　　　班级：＿＿＿＿＿＿＿＿

记录周期：从＿＿年＿月＿日至＿＿年＿月＿日（一周）

| 合场行为 | | | 评价反馈 | |
|---|---|---|---|---|
| 日期 | 场景 | 行为描述 | 自我评价 | 他人反馈 |
| ××年××月××日 | 餐厅 | 如：我主动排队等候，使用“请”和“谢谢”等礼貌用语，在用餐后清理了桌面垃圾 | 如：我认为我表现得很有礼貌，但用餐速度可以稍快一些 | 如：老师认为我很有礼貌，其他同学也称赞了我的卫生习惯 |
| | | | | |
| | | | | |

**三、活动步骤**

(1) 设计表格。设计校园合场行为记录表，包括日期、场景、行为描述、自我评价等栏目。

(2) 行为记录。任务时间为一周。要求学生每天在不同校园场景中（如餐厅、教室、运动场等）记录自己的合场行为，要详细描述行为细节，如礼貌用语、排队秩序、卫生习惯等。除了自己的记录，鼓励学生邀请场合中的他人（老师、其他同学、门卫等）给予简要反馈。

(3) 整理反馈。一周之后整理自己的校园合场行为记录表，进行展示分享，回顾自己在这 7 天内的变化与成长，制订未来在合场行为方面的长期目标与计划。同时，评选出“优秀记录者”或“最佳进步奖”。

**【思考】**

怎么样才能让自己自然而然地与场合进行融合对接？如何让合场行为成为一种习惯？

______________________________

______________________________

______________________________

要让合场行为成为一种习惯，关键在于长期关注、持续练习、有效策略以及积极态度。

长期关注，让合场成为一种习惯。长期关注是确保合场行为成为一种稳固习惯的重要因素。这意味着不仅要持续练习这些行为，还要在日常生活中始终保持对它们的警觉和重视。我们可以采用设立长期目标、持续自我监控、定期反思调整等方式。首先，明确希望合场行为在哪些方面成为自己的长期习惯，例如在社交场合中展现自信、在工作会议中保持专业形象或在文化活动中尊重当地习俗等。其次，观察自己在不同场合下的表现，并评估是否符合合场行为的标准。我们可以通过记录日记、使用习惯追踪应用或寻求他人的反馈来帮助自己进行监控。最后，定期分析回顾，持续反思和调整，不断优化自己的合场行为，以更加适应不同的场合和需求。

持续练习，让合场成为一种习惯。持续练习是将合场行为转化为自然反应的关键步骤。通过在不同场合下反复实践这些行为，我们可以逐渐使它们成为自己无意识中的一部分，从而在面对各种社交、工作或学习情境时能够自然而然地展现出得体、自信和专业的形象。我们可以利用角色扮演、模拟情境等方法进行练习，在不同场合下反复练习合场行为，提高行为的适应性和灵活性，直至它们成为自己的自然反应。

有效策略，让合场成为一种习惯。要让合场行为真正融入日常生活，需要构建系统化的策略框架。我们可以通过建立“情境-行为”分析模型，将日常场景分为社交、职场、文化三大维度，每个维度建立“核心行为清单”。例如商务场合可制定“黄金三分钟法则”：进入会场前 1 分钟调整仪态，开场前 1 分钟确认发言提纲，结束后 1 分钟进行印象复盘。社交场合列出“得体行为清单”：见面先夸对方新发型，聊天时不打断别人，离开前帮忙收拾用具等。我们在合场行为框架搭建初期可以通过随身携带行为提示卡、设置手机智能提醒等方式，帮助强化记忆合场行为的要点，还可以通过观察特定场合中表现优异者的肢体语言、措辞方式，建立自己的“得体行为素材库”。我们在逐步熟练运用场合策略后，可以建立属于自己的“合场积分系统”，将每次成功表现转化为可视化的成长进度，形成正向激励循环。

积极态度，让合场成为一种习惯。培养合场习惯的本质，是通过发挥自己积极的主观能动性，实现从“机械模仿”到“价值内化”的认知升级。这要求我们穿透行为表象，主动理解合场习惯背后的深层逻辑：当意识到正式场合的深色西装是在传递专业可信度，便不再觉得领带是束缚；当明白在图书馆轻声细语是对知识殿堂的致敬，便会自然收敛脚步声。当我们主动把自己看作维系场合氛围的关键角色，意识到每个得体举动都在向场景输送正向能量，外在的约束便升华为内在的行为美学，使我们从被动的规则执行者蜕变为主动的场景共建者，最终实现从“场合适应者”到“合场共建者”的质变。

## 启思导行

以培养场合意识为目的，以小组为单位让学生在不同场合体验不同角色，将体验和经历写成微电影剧本，并尝试拍摄，还原场合。

根据学生的兴趣和专业背景，选择一系列具有代表性的角色，如企业员工、医生、教师、警察、志愿者等，前往对应的场合进行体验，如企业办公室、医院、学校、警察局、社区服务中心等。各小组详细记录在角色体验过程中的所见所闻、所感所想，包括角色的行为特点、场合的氛围、与其他人的互动等。在此基础上形成一个完整的剧本，剧本应包含详细的情节描述、角色对话、场景设置等。体验后填写如表 2－2 所示的角色体验手账。

表 2－2　角色体验手账

| 角色体验日期 | 场合描述 | 角色行为特点 | 场合氛围 | 与他人互动 | 场合细节 | 所感所想 |
| --- | --- | --- | --- | --- | --- | --- |
| | | | | | | |
| | | | | | | |

# 第二节　如何塑造个人形象

个人形象在我们的人生中起着至关重要的作用，宛如个人名片一般直观地被他人认识。出色的个人形象不仅能赢得他人的认可和欣赏，更能助力职业生涯的成功。职场上的每一个人都要树立自己的职业形象，良好的职业形象不仅能作为企业的门面，而且能够提升个人的职业自信心。个人形象是什么？如何精准定位自己的职业形象？如何塑造自己的个人形象？通过本节内容的学习，我们将认识个人形象及其内涵，理解个人形象对我们人生的重要意义，学会如何在职场中打造自己的完美第一印象，努力塑造个人形象。

**职场故事**

### 细节里的个人形象

小王即将大学毕业，他来到一家汽车公司应聘。在一众参加应聘的人当中，小王的学历最低，他自认为这次求职面试成功的概率很低。当小王淡定地敲门走进董事长办公室的时候，发现门口地上有一团纸，他想都没有多想，很自然地弯腰把它捡了起来，然后扔进了垃圾篓里。就是这一个简单的动作，却给小王打造了美好的个人形象。

小王端正坐下，还没有开始自我介绍，董事长就微笑着告诉小王："很好，你很棒，你已经被我们录用了，请问你愿意接受我们公司的工作邀请吗？"小王怎么也没有想到自己应聘成功源于刚刚不经意间的动作给公司董事长留下的好印象。事实证明，董事长的选择是如此正确，小王在这家汽车企业创造了奇迹，连续几年成为公司销售冠军。

小王的成功看上去很偶然，但实际上却是必然的，他下意识的动作是习惯、品质和修为的体现，展现了自己独具魅力的良好个人形象。

**【思考】**

（1）什么是个人形象？如何塑造个人形象？

______________________________

______________________________

______________________________

（2）小王成功的原因是什么？个人形象对我们的人生有何影响？

______________________________

______________________________

______________________________

## 一、认知个人形象，助力个人发展

### （一）认识个人形象

从原始社会开始，人类就萌发了形象意识，人类开始试图通过对身体进行装饰，利用服饰以及部落图腾等来打造形象，以彰显个人的社会地位、区别所属群体、反映不同的文化和信仰等。随着社会的进步和发展，个人形象在人类意识中占据着重要的地位，也逐渐融入了更多的元素，如道德特点、教育背景、职业、性格、兴趣爱好等，成为一个复杂而多维的概念，成为个人被他人所认识的最直接、最具体、最重要的“简历”。

1. 个人形象的概念

个人形象是指社会个体在社会交往中给他人留下的总体印象。个人形象可以通过外表、言谈举止、气质风度、待人接物、道德品质等方面展现出来，它是一个人内在素养和外在表现的综合体现。人们对一个人的认识往往是由表及里、由浅入深，通过观察他人的穿着、外貌和行为举止等来形成初步的第一印象，再通过了解他人的思想品德、价值观、学识、品位和艺术修养等内在素质来形成对他人的总体印象。

2. 个人形象的分类

根据不同的维度，个人形象有不同的分类。按照场合的不同，个人形象可以分为：适用于商业场合的专业、正式和稳重的商务形象；适用于日常休闲场合的自然和随性的休闲形象；适用于时尚场合的强调个性、潮流和时尚感的时尚形象；彰显成熟稳重和专业的会议形象；体现高雅气质的晚宴形象；展现实力和气势的会谈形象等。个人形象除了可以按照场合、职业、肤色、身材等外在因素来分类外，还可以根据不同的性格、气质等分类，例如可以分为坚毅、稳重、勤奋等积极的个人形象，懒惰、自私、小气等消极的个人形象。

## 活动与思考

### 百变星君
### ——职业角色演练

**一、活动目的**

理解个人形象，明确个人形象与场合的关系。

**二、活动形式**

角色扮演。

**三、活动步骤**

（1）每5人为一组，各组挑选代表进行角色抽签，选取职业角色和演练场景。

（2）各小组按照抽签结果，进行角色解读，商议“形象人物”方案并进行演绎排练，将人物形象和场景结合起来，进行“形象人物”演绎。形象人物如表2-3所示。

表2-3　形象人物

| 角色 | 校长 | 白领 | 蓝领 | 求职者 |
|---|---|---|---|---|
| 场景 | 开学典礼三分钟 | 白领高管应对顾客投诉 | 上门为业主修理电灯 | 回答面试官的问题 |

（3）挑选两位代表上台演绎（时间不超过3分钟）。

（4）每组可安排一名解说员同时上台介绍活动呈现方案，活动呈现方案如表2-4所示。

表 2-4 活动呈现方案

| 团队介绍 | | 形象人物任务 | | | |
|---|---|---|---|---|---|
| 团队名 | 团队领队 | 主命题 | 形象内涵 | 演绎代表 | 设计话术 |
| | | | | | |
| | | | | | |
| | | | | | |

【思考】

个人形象与场合的关系是怎样的?

______________________________

______________________________

______________________________

3. 个人形象要符合场合和角色

个人形象与场合之间的关系是相互依存、相互影响的。个人形象的展现要适应场合。我们要学会在不同的场合中，根据场合特点、场合环境、自身场合身份和角色等因素来调整自己的形象，以展现出最恰当、得体的个人形象。例如，作为一名学生，我们必须穿着得体、整洁的校服或便装，以展现积极健康、文明进步的学生形象。到了职场，为了让个人形象与职业人身份匹配，我们需要穿着展现自身专业性、职业素养的工作服，以展现专业、认真的工作态度。

个人形象不是天生的、一成不变的，而是后天塑造形成的。个人形象除了受到场合和个人在社会中扮演的角色和身份的影响外，也会受到一个人的心理状态和性格特点的影响。我们需要学会认识个人形象、分析个人形象，领悟个人形象与场合的关系，体会在职场中，不同的职业特点和不同的职业场景，对个人形象的期待和要求，结合客观实际，实时展现自己的个人形象，或向大众展现“合场”的职业形象。

## 拓展阅读

### 15 种会让个人形象大打折扣的行为

生活中，下面的这 15 种行为会让你的个人形象大打折扣，变得不那么讨人喜欢：(1) 招呼都不打就离开；(2) 无意中批评他人；(3) 对邀请给出假回复；(4) 假笑；(5) 叫错别人的名字；(6) 对人爱答不理；(7) 在群体互动中忽视他人；(8) 说话时打断别人；(9) 爱给别人提建议；(10) 刻意表现自己；(11) 使用消极词汇；(12) 说一些无关的话；(13) 说话的时候不认真；(14) 在谈话的时候玩手机；(15) 行为前后不一致。

### （二）个人形象的内涵

个人形象的内涵包含多个层次（见图2-3），它们分别是表层、中层和里层。各个层次间循序渐进，随着他人对个人认识的不断深入，最终形成一个长期、稳定的整体印象。

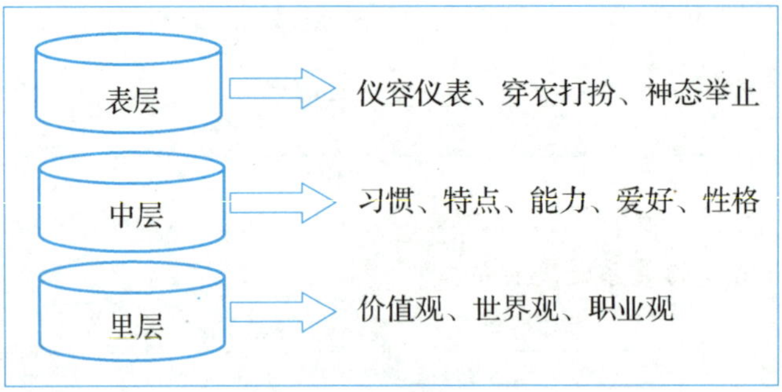


图2-3　形象的内涵

#### 1. 表层

个人形象表层的内容包括仪容仪表、穿衣打扮、神态举止等，这些内容都是短期可视、可听、可感的。个人形象表层的这些外在显性特征通常是他人观察我们时首先注意到的，并且会在很大程度上影响他人与我们交往时产生的第一印象。

#### 2. 中层

个人形象中层的内容包括习惯、特点、能力、爱好、性格等，这些内容需要长期与他人交往才能感知到。个人形象中层涉及一个人的待人接物、学识、品位修养等。这些内在素质往往是通过一个人的言行举止和为人处世的方式逐渐显现出来的。

#### 3. 里层

个人形象里层的内容包括价值观、世界观、职业观等，这些内容更倾向于意识、观念、思想、理念等抽象内容，是一个人外在状态的决定性因素。个人形象里层反映了一个人真实的道德品质，是个人形象最重要的内涵，是个人是否受到他人尊重和认可的最重要因素。

个人形象的各个层次之间是相互关联、相互影响的。外在形象与内在素质相互映衬，表层、中层、里层相辅相成，表层重点提升社交形象，中层重点维系人际关系，里层重点展现个人魅力。因此，在塑造个人形象时，需要注重各个层次之间的协调和统一，在重视表层个人形象的同时要修炼中层个人形象，从而形成稳定并且核心的里层个人形象，以实现个人形象的全面提升。

衣架撑起的衣裙不算美，品格打造的形象更动人。我们认识他人、分析他人个人形象是由表及里的，由浅显的个人形象表层到个人形象中层，最后抵达个人形象里层。靠个人形象表层的仪容仪表、穿衣打扮、神态举止可以帮助我们最快获取他人的认可，但是个人形象里层的道德品质才是我们打造个人形象最关键的要素，优秀的道德形象更会长久地给人留下美好印象，树立良好个人形象。

### （三）个人形象影响人生成败

个人形象是我们向外界展示自己的名片，它构成了个人与他人建立社会联系的基础。我们对他人的初步了解往往源于对方的个人形象。个人形象直接关系到个体在社会互动中的认可度和影响力，进而影响个人生活的质量，影响个人人生成败。

1. 良好的个人形象是自信的源泉

个人形象的塑造不能单纯地理解为为了迎合外界的目光，它更重要的价值在于体现了自我内在的需求，满足自己内心的喜悦。当一个人对自己的外表和内心状态感到满意时，自然会产生强烈的自信心。这种自信心不仅体现在外在的美观上，更源于对自身价值的肯定、对自我的认同和对美好未来的积极态度。良好的个人形象会给人以积极暗示，形成自信，帮助我们在面对人生挑战时充分发挥潜力和创造力，从而实现个人价值的最大化。

2. 良好的个人形象是人际交往的桥梁

人在社会生活中每时每刻都会与他人产生交集。个人形象很大程度上决定了个人的社交吸引力。要在人际交往中获得他人的认可和帮助，我们必须塑造良好的个人形象。良好的个人形象能够传递出积极、平易近人、和善友好的信号，让他人感到舒适自在，从而吸引志趣相投的朋友和合作伙伴；良好的个人形象有利于人际沟通与交流，能帮助我们快速与他人建立良好的人际关系；良好的个人形象会传递更多的正能量，会让我们获得社会公众的尊敬和欢迎，能够帮助我们排除人际交往的阻碍；良好的个人形象能够显著提升一个人的社交吸引力，帮助其在社交场合中更加自如地与人交往，拓展人际关系网络。

3. 良好的个人形象是职业成功的加速器

良好的个人形象有助于个人在职场上获得成功。在职场中，个人形象通常会被视为专业能力的一项评价指标。良好的个人形象在职场中会直接影响他人对个人的信任度和好感度。良好的个人形象还能帮助建立个人的职场品牌和名片，使个人在激烈的职业竞争中脱颖而出，获得更多的晋升机会和发展机遇。

不修边幅、不注重个人形象的人往往给人一种情绪低迷、萎靡不振的感觉。反之，拥有良好个人形象的个体往往给人一种如沐春风的感觉。良好的个人形象有助于培养积极向上的生活态度，促进心理健康，提高幸福感。积极健康的个人形象能增强个体自尊心和自我效能感，形成积极乐观的心理暗示，有助于抵消消极和负面情绪。

**职场故事**

《三国演义》中有两个重要的人物：庞统和诸葛亮。两人都是水镜先生的高徒。水镜先生曾对刘备说过一句话：“卧龙、凤雏，得一可安天下”。这里的卧龙就是诸葛亮，凤雏就是庞统。两人都名声在外，才识谋略不相上下，是当时的顶级谋士。

虽都是顶级谋士，两人初见刘备时，却有着截然不同的态度。

庞统与刘备会面时，十分不注重细节，不仅衣着随意且邋遢，见到刘备甚是傲慢，连最基本的行礼都没有。刘备“见统貌陋，心中亦不悦”，没有太把庞统当回事，最后只让他做了个小小县令。

诸葛亮初见刘备时，得知刘皇叔等候多时，不仅礼数周到地准备了茶水，而且特地转入后堂更衣后相迎，以示尊重。诸葛亮身长八尺，面如冠玉，头戴纶巾，身披鹤氅。此等风华气度，一见面就让刘备心下折服。

**【思考】**

（1）庞统和诸葛亮的个人形象分别给刘备留下了怎样的印象？

______________________________

______________________________

______________________________

（2）个人形象对职业生涯有怎样的影响？

______________________________

______________________________

______________________________

## 二、塑造个人形象，赢得职场人生

### （一）给人留下好的职场第一印象

#### 1. 了解第一印象

第一印象是指人们在与他人第一次接触或交往时，根据对方的仪表、举止、谈吐等所产生的最初感觉和形成的最初印象。这种最初印象通常会影响人们形成关于他人的总印象，即“先入为主”。人们在交往过程中，通常在两人初次见面的45秒内就会产生第一印象，这种第一印象源自对方的年龄、性别、身材、长相和穿衣打扮等方面。

美国心理学家洛钦斯首先提出了“首因效应”，它指的是在人际交往中，双方形成的第一印象对今后交往关系的影响。我们在与他人交往中会发现，第一印象一旦形成就难以改变。尽管第一印象并非绝对正确无误，但是心理学研究表明，第一印象是最鲜明、最牢固的，并且会在很大程度上决定和影响人们之后对对方行为和表现的认定和评价，有的甚至可能影响我们对对方的整体评价和信任度。

在职场中，良好的第一印象可以为求职者赢得面试官的青睐，获得工作的机会；良好的第一印象可以使职场人士获得更好的同事关系，有利于获得同事的信任，获取更多职场上的合作和沟通的机会；良好的第一印象有利于赢得上级的认可，使职场人士更受欢迎；良好的第一印象能为职场人士创造更多的机会，使其更容易获得他人的支持。

## 活动与思考

**一、活动目标**

通过模拟面试，我们可以提前感受面试氛围，了解职场第一印象的重要性，提升面试技巧，为将来的实际面试做好充分准备。

**二、活动形式**

职场初体验模拟面试活动。

**三、活动步骤**

(1) 全班分为 5 个小组，选择 1 组作为考官组，其余 4 组为面试组。

(2) 考官组根据岗位需求，讨论和制定面试评分标准。面试组的同学根据面试需要，做面试前的准备。各组完成面试准备备忘录（见表 2-5）。

表 2-5 面试准备备忘录

| 面试组 | 考官组 | 我的感受 |
|---|---|---|
| 面试准备<br>(1)<br>(2)<br>(3) | 考核标准<br>(1)<br>(2)<br>(3) | 优点：<br><br>缺点： |

(3) 面试组每组派一名学生进行自我介绍；每位参与者将有 2 分钟时间进行自我介绍，展示自己的优势和特点。

(4) 考官组组织模拟面试。根据参与者的求职意向，由面试官进行模拟面试。面试结束后，面试官对每位参与者的表现进行点评，指出其优点和不足，并提出改进建议。

(5) 经验分享。邀请优秀面试官或成功求职者分享面试经验和心得，为参与者提供借鉴和启示。

**【思考】**

如何给他人留下良好的第一印象，从而获得求职机会？

______________________________

______________________________

______________________________

2. 打造完美的职场第一印象

要打造完美的职场第一印象，可以以个人形象的内涵为基础，分别从个人形象表层、中层、里层出发，通过得体的着装、真诚的微笑、自信的姿态三个方面重点打造完美的职场第一印象。

得体的着装是塑造完美的职场第一印象的基础，它是传达专业素养和展现自我个性的重要方式。根据不同的场合选择合适的服装，整洁干净，得体大方。选择能够展现职业精神面貌和个人品位的服饰，让对方在看到你第一眼时就能有好感，对你留下深刻而正面的印象。

真诚的微笑是塑造完美的职场第一印象的法宝。微笑是一个人礼仪外化于行的标志，微笑是与人交往中最具感染力的语言。用一个真诚的微笑让对方感受善意和热情，能迅速拉近彼此距离。在初次见面时，不要忘记给对方一个温暖的微笑，传递你的诚意和友好。这样的微笑不仅能够缓解紧张和尴尬的气氛，还能让对方感到更加放松和自在，更愿意与你交流和合作。

自信的姿态是塑造良好的职场第一印象的关键。社交场合注意保持挺拔的身姿，抬头挺胸，积极主动，目光坚定而友好。在交流过程中，保持语速适中、声音清晰，用积极的肢体语言如身体微微前倾、点头、微笑、目光注视等来强化你的自信形象。你的自信不仅能让你完美地展示自己，还能让对方感受到你对他的尊重和重视。

### 拓展阅读

#### 面试“三准”

（1）准备充分：求职者在面试前要充分了解面试公司的具体情况，认真研究公司的公司文化，了解公司组织架构，充分了解所应聘岗位、所属部门、岗位需求、主要工作内容等，思考入职后最主要的工作是什么、公司对应聘岗位的期望是什么、自身有哪些可以匹配工作岗位的优势。

（2）准时到达：职场中，是否守时是评价职场形象的一个特别重要的指标。作为求职者，迟到是面试的一大忌讳。为防止发生意外情况，求职者需提前到达面试场地，以确保能准时参加面试。

（3）准确表达：在面试的过程中，大方得体、准确地表达自己的观点显得尤其重要。公司在衡量一个求职者是否符合要求的时候，首先是从表达来观察，所以为了给面试官留下良好的职场初印象，求职者应该提前去熟悉和了解面试可能会问的问题，用自信的语气和流利的表达来回答问题。可以事先准备一些常见的面试问题，并进行模拟练习，以提高表达的流畅性和准确性。准确地表达自己的想法，可以给面试官留下良好的职场第一印象。

### （二）塑造良好职业道德形象

职场中，职业道德形象比外在形象更加重要。道德形象是一个人内在品质和行为的体现，它长久地影响着个人的成长和发展，在个人的职业生涯中发挥着重要作用。

职业道德形象是职场中思想境界和道德品质的总和，集中地反映了一个人的道德认知、道德情感、道德意志、道德信念等。

个人职业道德决定个人在职场中的行为选择和价值取向。这种价值取向会引导个人在职场中规划职业目标、明确职业方向。一个没有良好职业道德的人，即便拥有再高的学历、再专业的技能、再渊博的学识，也难以被企业委以重任。

1. 持续自我提升是塑造职业道德形象的重要途径

塑造职业道德形象需要提高自己的职业素养，要不断地学习新知识、新技能，提升自己的综合素质和能力水平；要通过反思自己的行为和思想，及时纠正错误和不足，不断完善和提升自己。

2. 尊重他人是塑造职业道德形象的重要基础

尊重他人是与他人友好交往的基础，是否尊重他人也是衡量一个人修养的重要标准。我们在与他人交往中，要始终保持礼貌、谦逊和友善，注意边界感，不干涉他人的私事，不侵犯他人的隐私。

3. 培养职业道德是塑造职业道德形象的重要内容

要在生活中遵守职业道德规范，做到爱岗敬业、诚实守信、办事公道、热情服务、奉献社会。

塑造个人职业道德形象是一个持续的过程，需要个人持续努力，从现在做起，从生活的点滴做起。

## 拓展阅读

### 破衣披身的“天下第一廉吏”

于成龙（1617—1684 年），山西永宁州人，出生于乡绅之家。明崇祯十二年（1639 年），他参加了在太原举行的乡试，考取副榜贡生。时值明末清初，时局动荡，于成龙在永宁州安国寺隐居读书 6 年。为了网罗人才，清朝拓宽了取士的途径，顺治十八年（1661 年），已过不惑之年的于成龙获得了参加选官的机会，从此步入仕途。于成龙历任广西罗城知县、四川合州知州、湖北黄州府知府和福建按察使、布政使、直隶巡抚、两江总督等职。康熙二十三年（1684 年）卒于两江总督任上，被授予“天下第一廉吏”的美誉。

上任之初，从永宁州到广西罗城，路途遥远，需要不少盘缠。于成龙典当出售一部分田地和房屋，才凑足 100 两银子、雇了 5 个仆人后得以成行。于成龙为官为政，首以民生为重，时时注意宽纾民力，减轻民众负担。康熙十四年（1675 年），黄州发生了严重的旱灾，于成龙一边开仓赈灾，一边劝谕富豪人家解囊，他更是身先士卒，把仅有的一匹骡子“鬻之市，得十余两，施一日而尽”。无米下炊，于成龙就以“糠粥”度日，被百姓称为“于糠粥”。在江南时，他更是“日食粗粝一盂，粥糜一匙，侑以青菜，终年不知肉味”。江南民众亲切地称他“于青菜”。在他严格的约束下，“仆从无从得茗，则日采槐叶啖之，树为之秃”。于成龙的年俸不多，还要经常捐助穷人，有时竟然连买酒的钱也没有。他每到一处任职，首先带头实践“为民上者，务须躬先俭朴”的为政理念。于成龙还注重荐举廉洁有为的人才。《清史稿》记载，他屡次上疏推荐有作为的清廉官吏，直隶通州知府于成龙（史称“小于成龙”)、江苏布政使丁思孔等，都是由于他的举荐而受到了康熙皇帝的重用。

于成龙死后所遗留之产只有一套官服，别无余物。康熙皇帝曾当面褒奖他为“今时清官第一”，又破例为其御写碑文，谥“清端”，对他廉洁刻苦的一生给予了极高的褒扬。

## 启思导行

华罗庚被誉为“人梯”，苏步青则是“老骥”风范；富兰克林是开启智慧的“钥匙”，培根则是辛勤采蜜的“蜜蜂”。这些道德形象深刻反映了人们对这些名人的崇敬与印象。

请你寻找一位你最尊敬的老师，写下这位老师的道德形象关键词，并且采访这位老师，请教老师如何塑造高尚的道德形象，完成表 2－6。

表 2－6　形象改进计划表

| 采访对象 | 采访时间 | 采访地点 | 道德形象关键词 |
|---|---|---|---|
| | | | |
| 采访心得： | | | |
| 个人形象改进方案： | | | |
| 在家庭生活、学校生活、社会生活中，我能为塑造个人形象做些什么？<br>在家庭生活中，我可以：<br>在学校生活中，我可以：<br>在社会生活中，我可以： | | | |

# 第三节　在不同场合展现个人魅力

个人魅力彰显个人独特气质与个性，能帮助我们在人群中迅速崭露头角，在职场中更易赢得关注与认可。它作为积极主动的自我展现，能激发他人对我们的兴趣，为个人成长与发展创造更多机遇。每个人都渴望拥有个人魅力，期望在职场上备受青睐。个人魅力是什么呢？个性与魅力之间有什么关系呢？如何在不同场合展现个人魅力呢？如何在生活中内外兼修提升个人魅力呢？通过本节课学习，我们能理解什么是真正的魅力，明白个性不等于魅力，个性的彰显要受到场合的限制，学会将个人魅力与场合需求相结合，深入理解个人魅力的本质，进而从多个维度内外兼修来提升个人魅力。

## 职场故事

### 寻找真正的魅力

在职场中，周晓宇一直以其鲜明的个性著称。他穿着时尚，言谈举止间透露出一种不羁的气息，总是能在人群中脱颖而出。周晓宇深信，这就是他的魅力所在，能够让他在职场上独树一帜，赢得更多的关注和机会。

然而，随着时间的推移，周晓宇渐渐发现，他的个性并没有为他带来预期中的成功。相反，个性成了他职场道路上的绊脚石。在团队合作中，周晓宇常常因为坚持自己的见解而与同事产生分歧，甚至不惜以争论和冲突的方式来维护自己的立场。他认为这是展现自己独特魅力的方式，但同事们却觉得他难以相处，不愿与他合作。

在领导的眼中，周晓宇的个性被视作一种稚嫩，以及团队协作精神的缺失。尽管他有着出色的才华和能力，但领导在分配重要任务时总是对他有所保留，担心他会因为个性问题而影响到整个团队的氛围和效率。

直到有一天，周晓宇在一次项目失败中深刻反思了自己的行为。他意识到，真正的魅力并不是靠张扬个性和与众不同来赢得的，而是需要通过真诚、谦逊和合作来展现。于是，他开始努力改变自己的态度和行为，学会倾听他人的意见，尊重团队的决策，积极融入集体。

经过一段时间的努力，周晓宇逐渐赢得了同事们的认可和尊重。他的个性不再成为职场道路上的障碍，反而成为他独特风格的体现。他学会了在保持个性的同时更加注重团队合作和沟通，最终在职场上取得了更大的成功。

这个故事告诉我们，职场中误把个性当成魅力是一种常见的误区。真正的魅力来自内心的真诚和谦逊，以及与他人建立良好的合作关系。只有当我们学会放下自我，拥抱团队，才能在职场中走得更远。

【思考】

(1) 什么是魅力? 个性与魅力之间的关系是怎样的?

(2) 什么才是真正的个人魅力?

## 一、破解魅力之谜

### (一) 认识魅力

个人魅力是一种独特的吸引力或影响力，它可以影响他人对待人或者事物的情感、态度和行为，它主要源于个人的性格、行为、外貌、智慧、特质、才华、情感、品质、德行以及与人交往的方式等。

具备个人魅力是个人与他人交往的重要法宝。个人魅力可以让我们变得生动而具有吸引力，能帮助我们成功地获得他人的欣赏与喜欢等。个人魅力是一种宝贵的无形资产，它能够为我们的生活带来诸多好处和便利，让我们在人生的道路上更加从容和坚定。

一个有魅力的人通常是一个内外兼修的人。在生活中我们会发现，魅力四射的人更容易给人一种和颜悦色的温暖和舒适感，更能赢得他人的喜爱和尊重，更容易在人际交往中快速地与他人建立良好人际关系；魅力四射的人往往更加热爱生活，拥有拥抱生活的热情，更懂得如何享受生活中的美好，从而拥有更高的生活品质；魅力四射的人往往在职场中能够更加轻松地获得同事和上级的认可，他们积极主动的工作热情，更能帮助他们实现职场的成功。

个人魅力具有独特性，每个人的魅力展现方式和呈现内容都各不相同。我们每一个人都有自己独特的优势，能帮助我们更好地展示自己的魅力。卓越的才华可以帮助我们吸引和影响他人，无论是艺术、音乐、舞蹈方面的特长，还是文学方面的天赋，都能成为魅力的源泉。幽默风趣的性格可以帮助我们展现魅力，能用轻松愉快的方式化解尴尬，为周围的人带来欢笑。还有一些魅力来自坚韧不拔的精神和积极向上的态度。面对困难和挑战时，从不轻言放弃，而是勇往直前，用实际行动激励着周围的人。此外，真诚待人、善良正直也是展现个人魅力的重要方式，这些品质能够让人们感受到个人的温暖和关怀。

**拓展阅读**

**任正非的个人魅力**

任正非是华为技术有限公司的创始人和灵魂人物，他凭借卓越的领导力和职场个人魅力，激励着华为员工共同奋斗，推动了华为的快速发展。华为不仅在通信领域成绩斐然，研发成功海思芯片，减少对高通芯片产品的依赖，而且在全球范围内解决了大量就业问题。

20 世纪 80 年代末，在深圳南山区的一个简陋民房里，已过不惑之年的任正非带着几个人创立了华为。当时的中国通信市场几乎完全被外国巨头垄断，国产手机品牌几乎没有，国内民营企业举步维艰。然而，在这样的环境下，任正非却凭借敏锐的商业嗅觉和坚定的决心，毅然决然地选择了通信设备领域，并且立志让通信设备这一高科技领域作为民营企业打开世界大门的突破口。从此，他开始了华为的艰苦创业之路。在世界通信市场上，华为一次次打破技术壁垒，为中国技术赢得了世界掌声。

“以客户为中心”的经营理念是华为成功的一大法宝，在这种理念的引领下，任正非带领华为坚持以技术创新为核心竞争力，带领华为团队在通信领域的技术丛林中披荆斩棘。在企业发展初期，华为面临着很多问题，比如资金短缺、技术落后、人才匮乏等重重困境。可是这些难题阻挡不了任正非在通信领域深耕的决心，他始终坚持“板凳甘坐十年冷”的科研精神，引领着华为用智慧和毅力一点点构筑起了华为的技术壁垒。

2020 年，在华为面临美国制裁的严峻时刻，任正非依然坚定地说：“困难面前，华为不会倒下。”他始终认为，民营企业担负着民族复兴的大任，即便是在最艰难的情况下，他依然没有停下脚步，他更加注重加大内部的研发力度，积极寻求全球产业链合作，充分展现了华为和任正非在逆境中的韧性、决心以及强烈的爱国情怀。

任正非受人尊重的原因还在于他的无私，他把员工放在非常重要的位置。他建立了新的企业激励机制，鼓励员工全身心投入企业发展。他的无私精神鼓舞着员工，使他们在工作中会自然而然地考虑团队的整体利益。

### （二）正确处理个性与魅力之间的关系

个性通常指的是一个人独特的心理特征、行为方式和思维模式的总和，它构成了个体与众不同的基础。魅力强调的是一种特殊的吸引力，能够使他人产生好感、钦佩或向往。个性和魅力之间存在着紧密而微妙的关系，两者相辅相成，互相形成作用和反作用，共同塑造了一个人的独特形象。

适时展现个性可以增强魅力。在人际交往中，想要迅速从人群中脱颖而出，展现个人魅力，需要我们学会适合时宜地展现个性特点。例如：个性中的自信、幽默、真诚和热情等都能够增强一个人的魅力。当朋友沮丧时，一个自信乐观的人能适时地给予鼓励和支持，让人愿意接近并倾听其言论；在商务谈判时，展现你果断和坚定的个性会让你魅力大增；在枯燥的工作环境中，你幽默风趣的个性能使人轻松愉悦，拉近人与人之间的距离，增添个人魅力。

魅力也能够反过来影响个性的展现。一个有魅力的人往往更敢于展示自己，能够更自信地展现自己的个性。这种自信会进一步激发个性的光彩，使人在社交场合中更加游刃有余。

最吸引人的魅力往往是发挥天生本我的个性，这些个性往往能够直接转化为魅力。例如自律、自信、善良、幽默、真诚和热情等个性特质，通常能够让人更具吸引力。个性没有优劣好坏之分，一个有魅力的人一定是有个性的，可是一个有个性的人不一定有魅力。彰显个性不合时宜，不仅不能展现自己的魅力，还可能会导致他人难以接受或理解。要成为一个有魅力的人，关键在于将个性转化为吸引人的力量，并在成长中不断磨砺自我，提升魅力，从而在社交中更加自信从容。

## 活动与思考

### 职场魅力诊断师

**一、活动目的**

思考个性与魅力之间的关系，理解个性不是靠个人的外貌和穿衣体现，个性的彰显需要合时宜，能与整体环境相互适应，明白什么是真正的魅力。

**二、活动步骤**

（1）4人为一组，分析“职场小白职场问题案例”。

（2）为职场小白给出“魅力诊断意见”（见表2-7），从个性与魅力之间的关系来思考和讨论：职场新人小陈为什么会在职场中碰壁？他有哪些地方需要改正？他的问题根源在哪里？

表2-7 职业魅力诊断书

| 职场小白职场诊断案例 | 魅力诊断书 |
|---|---|
| **案例一：穿统一的服装会让我没有个性**<br>某销售公司要求员工穿着正装上班。职场新人小陈是公司的程序员，他习惯了穿休闲款的红色衣服，认为红色是展现自己与众不同和魅力的最佳配色，觉得穿正装不能体现自己的个性。他还认为，休闲服装并不影响自己工作，自己不是一线服务人员，没有必要穿正装。主管和他谈过两次，但都没有说服他。后来，主管只好同意小陈只在重要活动时穿正装。<br>在一次重要活动前，小陈没有注意公司关于着装的通知，活动当天没能按要求穿正装。客户和领导前来参观时，小陈的红色T恤衫很扎眼，显得很随意。此后，小陈穿着失误的事被公司当作反面典型多次提起，这让小陈非常郁闷…… | 诊断意见： |

续表

| 职场小白职场诊断案例 | 魅力诊断书 |
|---|---|
| **案例二：凭什么所有事都听公司的**<br>小夏与小陈是一起入职的，在小陈坚持其个人习惯的时候，小夏则按照公司的要求认真执行。工作期间，他全天候穿西装，即便是夏天也穿衬衫上班。当然，领导认可小夏，不仅仅是因为他的穿着，更看重他在工作中表现出的投入态度和工作状态。后来领导约见客户的时候，也多半会让小夏陪同，在工作方面不断磨炼他、指点他，小夏因此也有了更多的发展机会。对此，小陈心里感到十分不平衡。 | **诊断意见：** |

(3) 对标自己的日常行为，找出自己是否存在个性与魅力冲突的行为。

**【思考】**

如何正确处理个性与魅力之间的关系？

______________________________

______________________________

______________________________

个人魅力并非仅指个性的外在吸引力，而是内在与外在相结合的吸引力。它不依赖于美貌、个性服饰或张扬性格，而是源自内在的品格、智慧与情感，通过持续传递正向力量来展现。真正拥有魅力的人都不是凭借彰显个性、强调个性、凸显个性来彰显魅力，而是能够由内自外、自然而然地散发出一种温暖而积极的气场，给周围的人带来美好感受。

### (三) 展现魅力从认识自我、接纳自我开始

在人生的舞台上，每个人都是自己魅力故事的主角。要展现独特的魅力，首先要从认识自我、接纳自我开始。这不仅是对自己外在形象的审视，更是对自己内在品质的深刻洞察。

#### 1. 展现魅力，认识自我

认识自我，即全面审视自己的性格、兴趣、爱好、优势、不足及价值观等关键要素。认识自我不是一味地否定自己，也不是一味地骄傲自大。我们只有全面并且客观地剖析自我、认识自我，才能更好地取长补短，修炼自己。

认识自我，要明确自己的价值观与人生目标。价值观决定了我们对待世间万物的态度和方式，决定了我们与人交往的方式，是我们人际交往的行动指南。人生目标则是我们行动的出发点，是我们努力的方向，它激励着我们不断向上向善，追求更高的成就。当我们明确了自己的价值观和人生目标时，就可以更加明确地了解自己的需求，更加真

实地表现自己，更加自信地展现自己的魅力。

2. 展现魅力，接纳自我

在认识自我的基础上，我们还要学会接纳并且喜欢自己。展现个人独特魅力，敢于接纳和面对自我，是一种积极向上的生活态度。它意味着我们要勇于展现自己的独特之处，无论是外在的形象还是内在的品质，无论好坏，我们都要敢于呈现真实的自我。我们应该深刻地认识到，每个人都是独一无二的个体，都蕴藏着独特的魅力，足以吸引他人。同时，我们也要学会接纳自己的不完美，理解每个人都有自己的优点和缺点，而正是这些不完美构成了独一无二的我们，当我们真正接纳自我，便会由内而外地散发出一种从容的魅力，自然而然地吸引他人靠近。

## 拓展阅读

### PDP职业性格测试

PDP（Professional Dyna-Metric Programs）职业性格测试将人的性格分为老虎型、孔雀型、猫头鹰型、考拉型、变色龙型五种类型，帮助个人和组织更好地理解个体的性格特点、行为模式以及潜在的职业倾向，帮助个人更好地展现魅力。

附：

### PDP职业性格测试题

以下是一系列的性格测试题，请根据自己的实际情况，在认可选项前的方框中打钩：

1. 你做事是一个值得信赖的人吗？

□非常同意　□比较同意　□差不多　□一点同意　□不同意

2. 你个性温和吗？

□非常同意　□比较同意　□差不多　□一点同意　□不同意

3. 你有活力吗？

□非常同意　□比较同意　□差不多　□一点同意　□不同意

4. 你善解人意吗？

□非常同意　□比较同意　□差不多　□一点同意　□不同意

5. 你独立吗？

□非常同意　□比较同意　□差不多　□一点同意　□不同意

6. 你受人爱戴吗？

□非常同意　□比较同意　□差不多　□一点同意　□不同意

7. 你做事认真且正直吗？

□非常同意　□比较同意　□差不多　□一点同意　□不同意

8. 你富有同情心吗？

□非常同意　□比较同意　□差不多　□一点同意　□不同意

9. 你有说服力吗？

□非常同意　□比较同意　□差不多　□一点同意　□不同意

10. 你大胆吗？

□非常同意　□比较同意　□差不多　□一点同意　□不同意

11. 你精确吗？

□非常同意　□比较同意　□差不多　□一点同意　□不同意

12. 你适应能力强吗？

□非常同意　□比较同意　□差不多　□一点同意　□不同意

13. 你组织能力好吗？

□非常同意　□比较同意　□差不多　□一点同意　□不同意

14. 你是否积极主动？

□非常同意　□比较同意　□差不多　□一点同意　□不同意

15. 你害羞吗？

□非常同意　□比较同意　□差不多　□一点同意　□不同意

16. 你强势吗？

□非常同意　□比较同意　□差不多　□一点同意　□不同意

17. 你镇定吗？

□非常同意　□比较同意　□差不多　□一点同意　□不同意

18. 你勇于学习吗？

□非常同意　□比较同意　□差不多　□一点同意　□不同意

19. 你反应快吗？

□非常同意　□比较同意　□差不多　□一点同意　□不同意

20. 你外向吗？

□非常同意　□比较同意　□差不多　□一点同意　□不同意

21. 你注意细节吗？

□非常同意　□比较同意　□差不多　□一点同意　□不同意

22. 你爱说话吗？

□非常同意　□比较同意　□差不多　□一点同意　□不同意

23. 你的协调能力好吗？

□非常同意　□比较同意　□差不多　□一点同意　□不同意

24. 你勤劳吗？

□非常同意　□比较同意　□差不多　□一点同意　□不同意

25. 你慷慨吗？

□非常同意　□比较同意　□差不多　□一点同意　□不同意

26. 你小心翼翼吗?

□非常同意 □比较同意 □差不多 □一点同意 □不同意

27. 你令人愉快吗?

□非常同意 □比较同意 □差不多 □一点同意 □不同意

28. 你传统吗?

□非常同意 □比较同意 □差不多 □一点同意 □不同意

29 你亲切吗?

□非常同意 □比较同意 □差不多 □一点同意 □不同意

30. 你工作足够有效率吗?

□非常同意 □比较同意 □差不多 □一点同意 □不同意

**说明:**

选择“非常同意”得 5 分，选择“比较同意”得 4 分，选择“差不多”得 3 分，选择“一点同意”得 2 分，选择“不同意”得 1 分。

把第 5、10、14、18、24、30 题的得分加起来就是你的“老虎”分数。

把第 3、6、13、20、22、29 题的得分加起来就是你的“孔雀”分数。

把第 2、8、15、17、25、28 题的得分加起来就是你的“考拉”分数。

把第 1、7、11、16、21、26 题的得分加起来就是你的“猫头鹰”分数。

把第 4、9、12、19、23、27 题的得分加起来就是你的“变色龙”分数。

假若你有某一项得分远远高于其他四项得分，你就是典型的这种性格。

假若你有某两项得分大大超过其他三项得分，你就是这两种动物型性格的综合。

假若你各项分数都比较接近，恭喜你，你是一个面面俱到、近乎完美性格的人。

假若你有某一项得分特别低的话，想提高自己就需要在那一种动物型性格的加强上下功夫了。

各种动物型性格的个性特点、优点和缺点:

老虎型性格:

个性特点——自信，够权威，决断力高，竞争性强，胸怀大志，喜欢评估；企图心强烈，喜欢冒险，个性积极，竞争力强，有对抗性。

优点——善于控制局面并能果断地作出决定；用这一类型工作方式的人往往成就非凡。

缺点——当感到压力时，这类人会太重视迅速地完成工作，容易忽视细节，他们可能不顾自己和别人的情感。由于他们要求过高，加之好胜的天性，有时会成为工作狂。

孔雀型：

个性特点——很热心，够乐观，口才流畅，好交朋友，风度翩翩，诚恳热心，热情洋溢，表现欲强。

优点——此类型的人生性活泼，能够使人兴奋，他们高效地工作，善于通过建立同盟或搞好关系来实现目标；他们很适合需要当众表现、引人注目、态度公开的工作。

缺点——因其跳跃性的思考模式，常无法顾及细节。

考拉型：

个性特点——情绪稳定，敦厚，不好冲突；行事稳健，低调平实，有过人的耐力，温和善良。

优点——他们对其他人的感情很敏感，这使他们在集体环境中左右逢源。

缺点——很难坚持自己的观点和迅速作出决定。一般说来，他们不喜欢面对与同事意见不合的局面，他们不愿与他人产生争执。

猫头鹰型：

个性特点——很传统，注重细节，条理分明，责任感强，重视纪律；保守，分析力强，精准度高，喜欢把细节条理化，个性拘谨含蓄。

优点——天生就有爱找出事情真相的习性，因为他们有耐心仔细考察所有的细节并想出合乎逻辑的解决办法。

缺点——把事实和精确度置于感情之前，这会被认为是感情冷漠。在压力下，有时为了避免作出结论，他们会分析过度。

变色龙型：

个性特点——综合了老虎、孔雀、熊猫、猫头鹰的特质，看似没有突出个性，但擅长整合内外资源；没有强烈的个人意识形态，是他们处世的价值观。

优点——善于在工作中调整自己的角色去适应环境，具有很好的沟通能力。

缺点——从别人眼中看变色龙群体，会觉得他们较无个性及原则。

## 职场故事

### 不合场的魅力展现

周晓宇是追星族，娱乐圈涌现出的一批以精致脸庞、清瘦身材为特征的男明星都是他追星的对象。他对这种“阴柔”风格情有独钟，在日常生活中有意识地模仿这些明星。他也长期保持着这种说话“嗲嗲哒”、表情“萌萌哒”、妆容“美美哒”的风格。在校期间，周晓宇借助这种风格成为一名颇有魅力的网红主播，在直播间受到一些网友的喜爱。毕业后，周晓宇成功应聘到大型外企工作，但是周晓宇的这种说话“嗲嗲哒”、表情“萌萌哒”、妆容“美美哒”的风格在职业场合好像不那么受欢迎，他不仅未能赢得同事们的喜爱，反而因这种风格引发了不少尴尬和笑话。在向上级主管部门汇报本月费用支出情况时，周晓宇说话东拉西扯，不时嘟嘴卖萌，这让领导十分反感。领导听得一头雾水，当即告诫周晓宇："工作场合要有个工作的样子，工作需要的是干练和专业，而非这种吸引粉丝的卖萌行为。"周晓宇听后备感委屈，难道自己的魅力在职场中失效了吗？

**【思考】**

（1）为什么回到职业场合周晓宇就不受欢迎了呢？

____________________________________________________________

____________________________________________________________

____________________________________________________________

（2）这个案例告诉我们什么道理？

____________________________________________________________

____________________________________________________________

____________________________________________________________

## 二、在各种场合中展现个人魅力

### （一）适应不同场合展现个人魅力

魅力的展现是需要分场合的，在不同场合，我们的交际对象、交际场景、交际时间、交际需求等都是不一样的。我们需要准确细致地把多种相关因素都考虑进去，用最恰当的方式来展现个人魅力以符合场合要求。这种在不同场合大方得体地展现自己个性和特点的能力特别宝贵，是一个人具有社交智慧和人格魅力的体现。

在不同的场合展现个人魅力，不能简单地理解为在不同场合彰显个性。在场合中展现个人魅力可分为四个层次：第一层，了解并尊重场合需求；第二层，根据场合进行服饰搭配，言谈举止及礼仪符合规范；第三层，关注自我同时关注他人需求；第四层，在他人需要帮助时，及时提供周到的服务。

**活动与思考**

#### 校园场景魅力打卡

**一、活动目的**

通过对接当下校园实际生活，选取校园生活场景开展现场演绎，进行尝试、体验、活动，体会在"场合意识"下如何"合场"，以展现个人魅力。

**二、活动规则**

（1）班级同学自愿以小组为单位完成校园场景魅力打卡，组内集体讨论、设计场景并进行角色演绎。

(2) 每组代表人数不限，以完美设计呈现为主，每组必须在规定的 40 分钟内完成。

(3) 各小组选取不同校园场景，设计现场情景，要按照个人魅力能力层次进行展示设计。

(4) 各小组现场进行场景展示和演绎，同时完成校园魅力打卡活动方案（见表 2-8），反思服务后他人满意度及自身感受，探讨不同场合展现校园魅力的方式。

**表 2-8 校园魅力打卡活动方案**

| 团队介绍 | | 校园魅力打卡任务 | | | | |
|---|---|---|---|---|---|---|
| 队名 | 团队领队 | 命题 | 道具 | 演绎设计 | 台词 | 体现魅力能力层次细节 |
| | | | | | | |
| | | | | | | |
| | | | | | | |

(5) 教师需点评角色定位准确性、场合意识及展示魅力能力的层次。

在不同的场合，展现魅力的方式也千差万别。在场合内展现个人魅力需要受到场合要求的影响。在正式的商务场合，展现魅力的关键在于专业与自信。着装得体，举止优雅，言谈举止中透露出对工作的严谨态度和对合作伙伴的尊重。需要注意职业形象和职业礼仪，以展现自己的专业素养，会让人留下深刻而正面的印象。在社交场合，幽默与亲和力则是展现魅力的关键。能够轻松化解尴尬，用幽默的方式调节气氛，同时又能细心聆听他人的故事，给予真诚的回应，这样的你无疑会成为社交圈的焦点。在亲密关系场合，展现魅力的方式则更加注重情感的交流与共鸣。真诚表达爱意，关心对方感受，以实际行动践行承诺，从而加深情感纽带，稳固关系。

总之，在不同场合展现魅力，需灵活应变，注重细节，尊重他人，并巧妙展现个性与优势。唯有依据环境变化调整言行举止，并持之以恒地学习与实践，方能游刃有余、自然大方地绽放独特光彩。我们无论身处何种场合，都能彰显独特魅力，光彩照人。

## 拓展阅读

TOP 原则是有关服饰礼仪的基本原则之一，其中 T、O、P 分别代表时间（Time）、场合（Occasion）和地点（Place）。

TOP 原则要求着装应与当时的时间、所处的场合以及地点相协调。这一原则强调，人们的着装应当根据时间、地点和目的的不同而有所变化，以体现出对他人的尊重和对自己的恰当展示。

### （二）提升个人魅力，拥抱美好未来

#### 1. 内外兼修，养成个人魅力

个人魅力的养成需要内外兼修。个人魅力的养成不仅仅关乎外在形象的塑造，更涉及内在素质的提升。一个行为举止得体、衣着靓丽的人能给人带来视觉的舒适，但是一个积极乐观、勇于面对挑战、不断追求个人成长和进步、活力四射的人更让人觉得具有感染力。内外兼修的人更能在人群中脱颖而出，散发出独特的个人魅力。

个人魅力的内在修炼重点在于修炼道德品质、文化素养和心理素质。要树立正确的价值观和积极的人生观，培养良好的道德品质，努力做到诚实守信、尊重他人、乐于助人等；要不断学习，拓宽知识面，提升职场能力，提高自己的文化素养，涵养内心力量，增强文化底蕴；要注重心理素质的培养，保持积极乐观的心态，增强自信心和抗挫折能力。乐观向上的心态能够让人更加自信，充满正能量，吸引他人靠近。

个人魅力的外在修炼包括仪容仪表、言谈举止。要保持整洁得体的仪表，穿着打扮要符合自己的身份和场合。穿着得体、整洁，能够给人留下良好的第一印象。根据自己的身材和气质，选择合适的服饰和配饰，彰显个性魅力；言谈举止要大方得体，待人接物要热情大方，注重礼貌和礼节。同时，要培养优雅的谈吐和举止，提高自己的社交能力，展现自己的个人魅力。优雅的仪态和得体的举止，能够让人在举手投足间散发出迷人的气质。

#### 2. 持续训练，提升个人魅力

个人魅力的养成是一个日积月累的过程，它并非一蹴而就，而是需要长时间的培养和积累。个人魅力的养成是一个多层次、多角度且持续发展变化的过程，它涉及外在的外貌、着装、社交行为等的提升，也涉及内在的道德品质等综合提升。通过不断地自我提升和学习，与他人交流和互动，反思和调整自己的行为和态度，我们可以有效地增强个人魅力。

个人魅力的养成需要融入日常生活中，需要我们在每一天的生活中去规范自己的行为举止，去关注自己的仪容仪表，去提升自己的品质和能力。只有通过不断的魅力养成训练，只有将得体的行为举止训练成个人下意识的习惯，个人才能自然而然地学会如何在不同的情境下展现自己的魅力。

个人魅力的养成，需要我们学会慎独和自省。我们要经常反问自己：我的行为美吗？我的语言美吗？我的心灵美吗？通过不断地积累、实践和学习，个人才能逐渐培养出独特的魅力，成为众人瞩目的焦点。唯有持续自我反省、正视缺陷，做到慎独、克制不良行为，并迅速调整、及时修正行为偏差，方能不断自我超越，不断完善自我，达到魅力养成的目标。

#### 3. 自尊自信，展现个人魅力

自尊自信是展现个人魅力的基石，这种积极的心态能让人不自觉地散发出一种独特的吸引力。生活中，无论面对何种挑战和困难，自尊自信的人能始终保持从容不迫的心态，积极寻找解决问题的方法。这种人生态度本身就是一种魅力的展现。

自尊自信展现个人魅力要求我们能客观正视自己的优点和不足，学会欣赏自己的独特之处，同时也要勇于面对并改进自己的不足；要求我们勇敢参与社交活动，与人交流互动，敢于在公众场合展示自己，在实践中不断提升自己的社交能力和自信心；要求我们保持乐观向上的心态，相信自己有能力克服一切困难，实现自我价值。

提升个人魅力，拥抱美好未来，这不仅是每个人内心深处的向往，也是实现个人价值、赢得他人尊重与喜爱的关键。提升个人魅力是一个长期而持续的过程。只要我们用心去做，不断努力，就一定能够成为一个充满魅力、受人喜爱的人，拥抱一个更加美好的未来。

## 拓展阅读

### 从自卑到自信的蜕变

犹记初入中学之时，家庭氛围与学校环境就像无形的茧，把我包裹其中。我变得孤僻而不合群，蜷缩在自己那狭小逼仄的世界里，对外界的热闹充耳不闻。

一次朗诵，如一道冰冷的闪电，撕开了我伪装的平静。班主任敏锐地察觉到我的异样，点出了我内心深处的问题，让我第一次与“抑郁症”这个词有了联系。在这纷繁复杂的世间，“反者道之动”，自信与自卑，宛如阴阳两极，相互交织、转化，纠缠于人心深处，以一种混合态的形式，悄然左右着人的心境与命运。起初，自卑占据着绝对的比重。我深陷自卑的泥沼，既看不清，也听不明，迷茫而无措。每一次面对挑战，心中涌起的不是勇气，而是自我怀疑。在人群中，我总是默默缩于角落，害怕成为焦点，只因内心深处的声音不断低语：“你不够好，你不配。”我羡慕那些自信之人，他们如璀璨星辰，光芒四射，仿佛天生就拥有掌控一切的能力。而我，只能在黑暗中，望着他们的背影，暗自神伤。一次偶然，我听到了《百家讲坛》里易中天教授对“海纳百川，有容乃大”的阐述。我开始审视自己，剖析内心的恐惧。我发现，我的自卑并非天生，而是源自对世界过于美好的想象被现实击穿后所留下的残渣。我开始学会包容，包容世界不完美的部分。我学习了“上善若水”的智慧：“水善利万物而不争，处众人之所恶，故几于道。”我应如水一般，以柔韧的姿态去接纳自己的不足，以包容的心态去面对生活的磨难。我如水一般，顺势而为，遇阻则绕，在不断流动与变化中，寻找突破困境的方法。随着时间的推移，我内心深处自卑与自信的混合态比重在悄然变化。自卑的比重在减弱，而自信的比重在不断增强。我开始敢于表达自己的想法，敢于追求自己的梦想。曾经那些让我望而却步的事情，如今已不再是不可逾越的障碍。如今，我继续走在人生的道路上，自信在这混合态中已占据相当的部分，虽仍能感受到自卑的余韵，但自信已成为我最坚实的后盾。我明白，自信与自卑的混合状态将伴随我一生。只要心中有光，有对自我的坚定信念，我就能在这两极之间找到平衡，实现从自卑到自信的华丽转身。

资料来源：程义．从自卑到自信的蜕变［EB/OL］．（2025－04－14）［2025－04－25］．https://www.xuexi.cn/lgpage/detail/index.html?id=3639039688862667088&item_id=3639039688862667088.

## 启思导行

### “魅力我来找”活动

每一个人都是独一无二的个体，人人都有自己的特点，每一个人都能成为自己人生的主角。但是并不是每一个人都能真正认识自己，肯定自己，接纳自己。大多数人都不知道自己哪一个优势可以成为展现自我魅力的源泉。我们身边的同学都有自己的优点，比如在思想道德、专业学习、身体锻炼、劳动卫生、遵规守纪等方面。请同学们帮忙找一找，开展“魅力我来找”活动，帮助我们周围的同学发现自己的魅力。全班同学各准备一个信封，写上自己的名字。同时在信封内准备一封魅力求助信，在求助信上写出自己的魅力困惑。每一个同学随机抽取一个信封，两人结成魅力互帮小组，帮助对方找到魅力。魅力求助信的内容如表 2－9 所示。

表 2－9　魅力求助信的内容

| |
|---|
| 我的魅力困惑：我认为自己不够漂亮，我认为自己不够…… |
| 队友帮助方案： |

根据队友的帮助方案，以提升自己个人魅力为目的，记录自己 21 天里个人魅力成长的过程，通过手账（见表 2－10）记录自己内外兼修的情况。

表 2－10　21 天个人魅力成长手账

| 日期 | 事件 | 成长点 | 魅力照片 |
|---|---|---|---|
| | | | |
| | | | |
| | | | |
| | | | |

# 第三章 时间管理

人生最宝贵的资产有两项：一项是智慧，另一项是时间。无论你做什么事情，即使不用智慧，也要花费时间。因此，时间管理水平的高低，会决定你事业成就和生活质量的高低。

每个人每个星期都有 168 个小时，其中 56 个小时在睡眠中度过，21 个小时在吃饭和休息中度过，剩下的 91 个小时则由你来决定做什么，即每天 13 个小时。那么，如何根据自己的价值导向和既定的目标来管理好自己的时间，就成为每个人极其重要的一种能力。拥有了这种能力，你就可以善用时间，提升生活和学习质量，朝自己的目标前进，而不至于在忙乱中迷失方向。

通过本单元的学习，我们将发现自己时间管理的现状，用职业人的思维理解时间的意义与内涵，形成自己的时间管理方法。

# 第一节　为什么需要时间管理

在快节奏的现代生活中，时间如同流水，稍纵即逝。每个人都渴望在有限的时间里实现更多的目标，追求更高的效率与生活的满足感。然而，面对纷繁复杂的日常任务、工作与个人生活的双重压力，如何高效地利用时间成为摆在我们面前的一大挑战。通过学习本节课，我们将认识到时间管理的重要性——它不仅是提升工作效率的工具，更是掌握生活节奏、实现自我价值的钥匙。

## 职场故事

### 忙着完成任务的小明

小明是校青年志愿者的主要成员，也是班里的学习委员。今天16:15下课后，需要利用晚自习（19:30）之前的这段时间来制作上周的“青年志愿者活动总结”PPT。明天的志愿者活动总结需要使用该课件。此时班主任刘老师打电话过来，希望他能够在今天晚自习之前把班里的助学金资料整理好，并交给学生处的李老师。他从李老师处回来时，刚做了两页PPT，就接到快递员的电话。原来给同学买的生日礼物到了。小明取回快递接着做PPT，可发现上次志愿者活动的照片还没有从手机导入计算机……结果到了晚自习时间，都没来得及吃晚餐，PPT也没做完。看来晚自习之后又要加班了，可是好朋友还想在食堂庆祝生日，自己晚自习后锻炼身体的计划也已经很久没有执行了……小明很纠结！

### 高效完成任务的小华

小华学过一点时间管理的知识，所以分秒必争。16:15下课后，他来到青年志愿者协会，利用早就准备好的图片和文字资料着手做PPT。他接到班主任的电话后，决定做完PPT再去交助学金资料。他打电话给同桌，让他帮忙把助学金资料拿到青年志愿者协会，并在手机的APP上记下这件事，继续做PPT。此时他接到快递员电话。他向快递员了解到，最晚可以18:00取件，于是继续做PPT。将近18:00时，PPT也做得差不多了，小华决定先去食堂吃饭，顺便取快递。18:30小华用餐完毕，回到协会将PPT做完，并在回班上晚自习的时候，顺路将核对好的助学金资料交给了李老师。

晚自习后，小华愉快地参加了朋友的生日庆祝会；锻炼身体的计划今天就暂停一次，明天运动加量。真是完美的一天！

**【思考】**

（1）案例中小明和小华的两种生活节奏与安排，你更喜欢哪个呢？为什么？

（2）在平时的生活、学习和工作中，有没有更合理的统筹安排方法呢？

## 一、认识时间管理

古往今来，人们珍惜时间的表现多种多样。正因时间一去不复返，而人的生命有限，人们用数不清的诗词歌赋和躬行实践展现了时间的重要性。

古代时期，古人深知时间宝贵，常争分夺秒地学习。如匡衡“凿壁借光”，借着邻居家透过来的微弱灯光夜以继日地读书，最终成为一代经学大师。车胤“囊萤夜读”，孙康“映雪读书”，他们利用夏夜的萤火虫微光和冬夜的雪光照明，抓紧每一刻时间学习，这种刻苦精神体现了对时间的极度珍惜。古人及时建功立业，许多有抱负的人渴望在有限的时间里为国家和社会建立功勋。例如霍去病，在年轻时就立志抗击匈奴，多次征战沙场，在短暂的人生中为汉朝的边疆稳定立下赫赫战功，“匈奴未灭，何以家为”体现了他抓紧时间实现抱负的决心。古代的文人墨客惜时劝诫，通过诗词文章来劝人珍惜时间。像汉乐府《长歌行》中的“少壮不努力，老大徒伤悲”，陶渊明的“盛年不重来，一日难再晨。及时当勉励，岁月不待人”等，都是流传千古的惜时名句，以警醒世人莫虚度光阴。

近代时期，无数国人尽己所能科学救国、实业兴国。国家面临危机之时，不少科学家为了追赶世界科技潮流，争分夺秒地学习和研究。比如詹天佑，为了振兴中国铁路事业，他留学归来后，不顾条件艰苦，亲自带队勘探、设计和修建铁路，在有限的时间内完成了京张铁路等重要工程，为中国铁路建设争取了宝贵时间，也赢得了国际声誉。许多革命者为了争取民族独立和解放，分秒必争地进行斗争。如孙中山先生，一生都在为推翻封建帝制、建立民主共和国而奔波，他不辞辛劳，积极组织革命活动、宣传革命思想，试图在时代的浪潮中尽快实现国家的变革。

现代社会，科研工作者们为了在科技领域取得突破，常常废寝忘食地工作。比如“杂交水稻之父”袁隆平院士，一生致力于杂交水稻研究，他不顾风吹日晒，在田间地头辛勤劳作，争分夺秒地进行实验和研究，经过无数次失败，最终成功培育出高产杂交水稻品种，为解决全球粮食问题作出了巨大贡献。体育健儿们为了在赛场上取得好成绩，珍惜每一次训练时间。如“亚洲飞人”苏炳添，为了提高短跑成绩，他精心安排训练计划，不放过任何一个提升的机会，通过多年如一日的刻苦训练，突破了亚洲人在短跑项目上的极限，在奥运会等赛场上为祖国赢得了荣誉。在日常生活中，普通人也以各种方式珍惜时间。如职场人士利用通勤时间听音频学习知识，或是在午休间隙处理一些工作上的事务；学生们会制订详细的学习计划，合理安排时间，充分利用课余时间参加各种兴趣班和学习小组，提升自己的综合素质。

## 活动与思考

### 急迫性指数测验

**一、活动目的**

测评你的排序依据，反映事件处理顺序。

**二、活动形式**

自评自测。

**三、活动步骤**

选出你最可能作出的反应行为或态度（0=从不，2=有时候，4=常常）：

（1）我在压力下表现最好。

（2）我常常太匆忙或紧张，以致无法做深入的自我反省。

（3）我常因周围的人动作太慢而不耐烦，我讨厌等待或排队。

（4）我休息时会觉得不安。

（5）我似乎永远在赶时间。

（6）我常为了完成某项事情而拒人于千里之外。

（7）我只要片刻没和办公室联系就觉得不安。

（8）我在做一件事时常会想到另一件事。

（9）我在处理危机时表现最好。

（10）处理突发状况的兴奋感，似乎比慢工出细活更让我觉得有成就。

（11）我常为了处理突发状况，牺牲和亲友共处的时间。

（12）当我为了处理突发状况必须取消约会或中途离开时，我认为别人应该能谅解。

（13）我觉得处理突发状况让一天的生活更有意义。

（14）我常边工作边吃饭。

（15）我一直认为总有一天能做我真正想做的事情。

（16）一天下来办公桌上“已办”文件如果堆得高高的，我会很有成就感。

测试结果：

25分以下为没有急迫性。

26～45分是有急迫性。

45分以上是有很强的急迫性，建议采取一定的措施。

**【思考】**

你属于哪种情况？还有哪些地方可以改进？

______________________________________________

______________________________________________

______________________________________________

在实际的工作中，一些人经常忙忙碌碌，甚至加班加点，但是到了绩效考评时，却很少有能拿得出手的业绩。其中重要的原因之一就是时间规划能力欠缺。这会导致他们对很多事情主次不分，最后劳而无功或劳而少功。学生也不例外，若没有时间管理意识，就会随自己的习惯、喜好、情绪和价值导向来安排学习生活，而不清楚如何更职业化、更有质量地学习和生活。

无论是个人追求职业发展、学业进步，还是组织谋求高效运营与持续增长，抑或是整个社会期望实现资源的最优配置与全面发展，有效的时间管理都起着举足轻重的作用。良好的时间管理能够帮助个人在有限的时间内完成更多高质量的任务，提升自身竞争力；对于组织而言，可优化工作流程，增强团队协作，提高整体绩效；从社会层面看，有助于推动各领域的高效运转，促进经济与文化的繁荣。因此，深入研究时间管理的策略与方法，具有重要的现实意义。

能不能做好时间管理，往往也是一个人能力的体现。事业有成的人，其成功原因可能有很多，但是他们一定有一个共同之处，即他们都是时间管理的专家。管理学家彼得·德鲁克曾说过："时间是最宝贵而有限的资源，不能管理时间，便什么都不能管理"。

## 职场故事

2017 年 6 月 8 日下午 2:47，比全国高考英语考试禁止入场时间 2:45 只晚了两分钟。

在上海市华东模范中学考点外，一名男生被关在了铁门外。男生气喘吁吁，心急火燎，向铁门另一边的考务人员说："我的自行车突然在路上坏了，所以耽误到现在。"考务人员解释："考场细则要求考生在下午 2:30 进考场，2:45 以后禁止入场，现在考生正在准备做听力题。"他们坚持不给男生开门。

这等于该男生的 12 年苦读将毁于这两分钟！男生的母亲先是苦苦哀求，然后，她双膝自然而然地跪了下去，请求工作人员通融，让自己的孩子破例进考场。但工作人员慑于高考严明的纪律，依然不肯放行。男生急红了脸，他暴躁地踢打铁门，见无济于事，又尝试着破门而入，却被考场保安人员制止。最终他无法进入考场，错过了整场考试。

当天，这一幕在网上广为流传，甚至在全国掀起了关于规则面前是不是应该这么死板、是否该如此不通"人情"、考点为什么不为该男生启用备用考场的争论。在这里，我们暂且不评论是否“膝下有黄金”，公平与公正与否等话题，但有一点想必每位考生都清楚：在高考规则中，其他科目规定“迟到15分钟者，不得进入考点考试”，唯独外语科目要求“开考前15分钟禁止考生入场”。高考外语科目考试包含听力，考试在下午3点钟正式开始，但在此之前须做好一系列准备工作，如老师分发答题卡、当众启封试卷袋，考生要调试收音设备并试听。在这个过程中，保持安静十分重要，若有迟到考生进场，可能会影响其他考生。而且教育部规定，备用考场一般用于应对突发状况，考生因自身原因导致的迟到，不在启用备用考场的范围之内。

**【思考】**

（1）案例中该男生的情况对你有什么启示？

______________________________

______________________________

______________________________

（2）在平时的生活、学习和工作中，你有没有因为时间管理问题而失去关键机会？

______________________________

______________________________

______________________________

## 二、时间管理的价值

做好时间管理，是实现人生规划的保证。只有妥善安排并利用好时间，通过实现人生的一个个小目标，才能最终实现人生的大目标，过上规划中的理想生活。

个人的家庭背景可能差别很大，能够提供的学习成长资源也是有差别的，但每个人都拥有一种非常公平的资源——时间。一个人看似有大把的时间，其实真正可用的并不多。如何将有限的时间变得更有质量，是我们每个人的必修课。

如果我们能够将时间这一资源管理好和利用好，就可以弥补一部分其他资源不足的缺憾，因为时间可以转化成其他的资源，比如智慧、财富、学识、认知等。

李开复曾说：“人的一生两个最大的财富是你的才华和你的时间。才华越来越多，但是时间越来越少，我们的一生可以说是用时间来换取才华。如果一天天过去了，我们的时间少了，而才华没有增加，那就是虚度了时光。所以，我们必须节省时间，有效率地使用时间。”

时间管理的价值有多方面的表现，具体如下。

### （一）提高工作效率

通过合理安排任务和时间，避免了时间的浪费和任务的拖延。例如，采用“番茄工作法”的人，其工作效率比未采用该方法的人平均高出40%。这种方法通过将工作时间划分为25分钟的“番茄时间”，并设置短暂的休息，帮助人们保持高度的专注和精力，从而显著提升工作效率。

### （二）增强目标达成能力

明确的目标和合理的时间规划能够帮助个人和组织更好地实现目标。根据一项对成功人士的研究，90%以上的人表示他们通过有效的时间管理成功达成了个人或职业目标。例如，设定SMART（具体、可衡量、可实现、相关、有时限）目标能够使目标更加清晰和可执行，从而提高目标达成的概率。

### （三）提升生活质量

合理的时间管理不仅有助于工作，还能为个人生活腾出更多时间。例如，通过有效的时间规划，人们可以将工作时间控制在合理范围内，从而有更多的时间陪伴家人、进行休闲活动或自我提升。一项调查显示，有效管理时间的人每周有10小时以上用于个人兴趣爱好，而时间管理不佳的人则往往只能挤出2～3小时。

### （四）减少压力和焦虑

当人们能够合理安排时间并按时完成任务时，心理压力会显著降低。根据心理学研究，时间管理能力差的人比时间管理能力强的人感受到的压力高出60%。通过提前规划和合理分配时间，人们可以避免任务堆积和紧急情况带来的焦虑，从而保持良好的心理状态。

### （五）促进个人成长与发展

有效的时间管理能够为个人提供更多的学习和成长机会。例如，通过合理安排时间，人们可以参加培训课程、阅读书籍或进行自我反思等活动，从而不断提升自己的能力。一项对职场人士的调查发现，那些善于管理时间的人每年能够学习新技能的数量是时间管理能力差的人的两倍。

每个人都有自己的理想和梦想，有自己为之奋斗的生活目标。我们的理想有很多，然而我们的时间却是有限的。只有将时间和精力合理分配，我们才能真正实现心中理想。

## 拓展阅读

司马光是我国北宋时期著名政治家，也是当时了不起的大学问家。流传千古、影响深远的历史著作《资治通鉴》就是他编写的。

司马光小时候在私塾里上学的时候，总认为自己不够聪明。每当老师讲完书上的东西，其他同学读了一会儿就能背诵，他常常要花比别人多两三倍的时间去记忆和背诵。于是其他同学纷纷跑出去玩耍了，司马光就一个人留在学堂里，关上窗户，继续认真地朗读和背诵，直到读得滚瓜烂熟，合上书本，能背得一字不差，才肯罢休。

司马光有效利用一切空闲时间，比如骑马赶路的时候，或者夜里不能入睡的时候，一面默诵，一面思考文章内容。久而久之，他不仅对所学内容能够记诵，而且记忆力也越来越好，少时所学东西，甚至终生不忘。他从小学习一丝不苟，勤奋努力的经历，为他后来著书立说奠定了坚实基础。

司马光一生坚持不懈地埋头学习、写作，往往忘记饥渴寒暑。他住的地方，除了书本，只有非常简单的摆设：一张板床、一条粗布被子、一块被当作枕头的圆木。

为什么要用圆木做枕头呢？原来是这样，司马光常常读书到很晚，他读书读累了，就会睡一会儿，可是人睡觉的时候是要翻身的，当他翻身时，枕头就会滚到一边，这时他的头会碰到木板上，这样一来，人也就醒了。于是，他就马上披衣下来，点上蜡烛，接着读书。后来他把那个圆木枕头看成有思想的东西，给它起了个名字——“警枕”。

就是凭着这种永不自满、永不懈怠的精神，司马光和他的助手花了整整19年时间，编成了《资治通鉴》这本历史巨著。

## 活动与思考

### 我有500万元，该怎么花？

**一、活动目的**

检测我们愿意把时间花在何处。

**二、活动形式**

小组讨论。

**三、活动步骤**

假如你有500万元，你会如何分配呢？我们先做一个花费盘点，看看500万元是否够用。

（1）买房子、车子需要花费200万元。

（2）学习知识经验需要花费100万元。

（3）维护健康与快乐需要花费150万元。

（4）让家庭幸福的相关支出需要100万元。

（5）周游世界需要花费100万元。

（6）为品尝世间美食需要花费100万元。

（7）为了达到事业成功需要花费150万元。

（8）为了确保美满的爱情需要花费150万元。

（9）为了巩固友情需要花费100万元。

…………

**【思考】**

（1）分小组讨论，分享本小组的分配方案。

______________________________________________

______________________________________________

______________________________________________

（2）如果再重新分配一次，会有变化吗？

______________________________________________

______________________________________________

______________________________________________

## 启思导行

记录自己一天24小时的活动安排，思考这个安排是否合理。

# 第二节 时间的特点与时间管理的本质

在快速变化的社会环境中，不确定性成为常态，我们怎样才能更好地应对突发情况与未来挑战呢？这就需要我们利用好时间，能够做好充分的准备。那么，什么是时间？什么是时间管理？了解时间，对时间有正确的认识，才能为时间管理打下坚实的基础。通过学习本节课，我们将认识到时间的特点与时间管理的本质。

## 职场故事

### 反复更改的约会

张伟在一家广告公司工作，平时时间安排得非常紧凑。一次，他约了一个重要的客户周末见面，提前一周就定好了时间。周四的时候，客户突然打来电话说周末有急事，需要改到下周。张伟虽然有些无奈，但还是调整了自己的工作计划，把周末的事情重新做了安排。

到了周五，客户又来电说希望还是能在周末见面。张伟只好再次调整计划，把周末的时间空出来。然而，周六上午客户再次来电，说临时有事，时间又得改到周六中午。张伟虽然心中略有不满，但还是保持了礼貌和耐心。最终，他们在周六中午见了面，这次会面非常顺利，客户对张伟的灵活应变和耐心给予了高度评价。

## 迟到的习惯

李婷是公司的新员工，聪明能干，但有一个不好的习惯——迟到。无论是公司会议还是与客户约谈，她总是迟到几分钟。起初，同事和上司都对她抱有宽容的态度，但久而久之，这成为她职业发展的一个障碍。

有一次，公司举办一个重要的项目启动会，李婷负责一个关键环节的汇报。她依旧迟到了几分钟，结果项目汇报的节奏被打乱，上司和同事对她的不满达到了顶点。会后，上司严肃地与她谈话，指出迟到不仅影响工作效率，还损害了团队的士气。这次谈话让李婷意识到了时间观念在职场中的重要性。她开始努力调整自己的作息，提前规划时间，逐渐改掉了迟到的习惯。几个月后，她的工作表现有了很大提高，也赢得了同事和上司的信任。

**【思考】**

(1) 案例中张伟和李婷的两种工作安排，你更认同哪一个？

______________________________

______________________________

______________________________

(2) 你怎么理解时间？在日常生活、学习和未来职场中，有没有更合理地运用时间的方法？

______________________________

______________________________

______________________________

______________________________

# 一、认识时间

时间是物质的永恒运动、变化的持续性、顺序性的表现，包含时刻和时段两个概念。时间是一个复杂的概念，它在不同的学科和哲学体系中有着不同的定义和理解。

## (一) 物理学角度的时间

根据牛顿力学，时间是作为度量物质运动变化过程的一种参照，通过我们所定义的标准的时间单位，去衡量物质运动变化本身的变化规律。时间的目的就是描述物质运动变化的参照，是描述事件进程的一个基本物理量。

科学上的时间概念是以地球自转为基础的时间计量系统，1956 年国际计量委员会将秒规定为 1900 年 1 月 1 日 12 时正回归年长度的 1/31 556 925.974 7。这种以地球公转为基础的时间标准称为秒，也被称为历书秒。随着科技的进步，科学家们发现原子内部电子能级间的特征跃迁频率具有更高的稳定性和精确性。2018 年 11 月 16 日召开的第 26 届国际度量衡大会对秒的定义为：未受干扰的铯-133 的原子基态的两个超精细能阶间跃迁对应辐射的 9 192 631 771 个周期的持续时间。这个定义中提到的铯原子必须在绝对零度时是静止的，而且在地面上的环境是零磁场。在这样的情况下被定义的秒，与天文学上的历书时所定义的秒是等效的。

关于时间的绝对性与相对性之争，物理学家有着不同的看法。在经典物理学中，以牛顿力学为代表，时间被视为绝对的、均匀流逝的，就像一条单向的、均匀流动的河流，无论在宇宙的哪个角落，时间的流逝速度都是相同的。例如，无论是在地球上的实验室，还是在月球上的观测站，按照经典观念，时间的刻度是一样的，就像我们使用的钟表，秒针每秒跳动一下，这种规律性是恒定的。爱因斯坦的相对论改变了我们对时间的看法。根据相对论，时间是相对的。当物体以接近光速的速度运动时，时间会变慢。这被称为时间膨胀。假设有一名宇航员乘坐飞船以接近光速飞行，而他的双胞胎兄弟留在地球上。当宇航员返回地球时，他会发现自己比留在地球上的兄弟年轻。这是因为宇航员在高速运动的参考系中，时间流逝得更慢。这种现象已经在粒子加速器等实验中得到验证，高速运动的粒子的衰变时间会比静止时间更长。

**活动与思考**

### "时间旅行者"角色扮演游戏

**一、活动目的**

感知时间。

**二、活动形式**

角色扮演游戏。

**三、活动材料**

卡片、纸、笔、道具（如假发、服装等）。

**四、活动步骤**

准备一些卡片，每张卡片上写一个时间点（如中世纪、现代、未来等）和一个角色（如国王、科学家、宇航员等）。

参与者随机抽取一张卡片，扮演卡片上的角色和时间点。

每个参与者轮流讲述自己在那个时间点的经历，其他参与者可以提问或补充。

**【思考】**

你是如何看待时间的？时间是否能够独立存在？

______________________________

______________________________

______________________________

### （二）哲学角度的时间

时间是人类感知世界的一种方式。人类对时间的感知是主观的。例如，当我们全神贯注地做一件事情时，比如沉浸在一部精彩的小说中，时间似乎过得很快；当我们等待一件重要的事情发生，如在医院等待检查结果时，时间又会显得格外漫长。这种主观的感知差异体现了时间在哲学上的复杂性。不同的文化和哲学传统对时间也有不同的理解。在一些东方哲学中，时间被视为循环存在的。例如，在印度教的宇宙观中，宇宙经历周期性的创造、维持和毁灭的过程，时间就像一个巨大的循环。在西方哲学中，从古希腊哲学家开始，时间被看作是线性的，从过去到未来不断前进。

哲学家们还探讨时间与事物存在之间的关系。一些哲学家认为，时间是事物存在和变化的条件。事物的存在是在时间中展开的，没有时间，事物的运动、变化和过程都无法发生。例如，一棵树从种子发芽到成长为参天大树，这个过程是在时间的推移下完成的。另一些哲学家则试图探讨是否存在一种超越时间的存在状态，这种状态可能是永恒的、不变的。

**职场故事**

### 滴水穿石

小王在学习编程时遇到了困难，总是想放弃。老师告诉了他一个故事：古时候，有一个石匠，每天都在一块石头上滴水，经过几十年的努力，石头终于被滴穿了。老师说："时间是连续的，只要坚持不懈，滴水也能穿石。"小王深受启发，决定每天坚持学习一点，慢慢地，他不仅掌握了编程技能，还成为一名优秀的程序员。他明白了，时间的连续性意味着只要持之以恒，就能取得成功。

### 时光倒流的梦

小明是一名中职生，一直梦想着能够回到过去，改变一些让他感到遗憾的事情。一天晚上，他做了一个奇怪的梦，梦见自己真的回到了三年前。那时，他还在初中，有一次考试没考好，他决定重新努力学习。然而，当他醒来时，发现自己依然在现实中，那些让他感到遗憾的事情并没有改变。他意识到，时间是不可逆的，过去的事情无法重来。从那以后，他更加珍惜当下，努力做好每一件事，不再幻想时光能够倒流。

**【思考】**

（1）根据案例中小王和小明的感悟，你有什么收获？

______________________________

______________________________

______________________________

（2）关于时间，你有什么想分享的小故事？

______________________________

______________________________

______________________________

## 二、时间的特点

每个人对于时间都会有不同的感受，然而时间对每个人来说都是公平的。无论是富人还是穷人，无论是名人还是普通人，每天都有24小时。时间不会因为一个人的身份、地位或财富而有所偏袒。每个人都有相同的时间去学习、工作、休息和娱乐。时间对每个人而言流逝的速度是一样的。无论你是否意识到，时间都在以相同的速度向前推进。它不会为任何人停留或加速，这种客观的流逝速度保证了时间的公平性。

每个人的生命都从出生那一刻开始，时间给予了每个人一个平等的起点。无论出身如何，每个人都有机会通过努力和智慧去创造属于自己的未来。时间给予每个人相同的机会去学习新知识、发展新技能、追求梦想。虽然外部环境和资源可能不同，但时间本身不会偏袒任何人。我们能否抓住机会，取决于我们如何利用时间。时间对每个人都有塑造作用，它见证了我们的成长、变化和发展。无论我们处于人生的哪个阶段，时间都在不断地影响着我们的生活。它给予每个人相同的机会去积累经验、提升自己。时间对我们每个人都是公平的考验。它不会因为我们的努力而缩短，也不会因为我们的懒惰而延长。只有通过不断努力和坚持，我们才能在时间的考验中取得成功。

时间对每个人来说都是宝贵的，它是我们生命中最重要的资源之一。无论我们拥有多少财富或地位，时间都无法用金钱来衡量。时间的公平性提醒我们，每个人都应该珍惜时间，因为它是无法再生的资源。时间对每个人的价值是相同的，它是我们实现梦想、追求幸福的基础。无论我们的目标是什么，都需要时间去实现。时间的公平性意味着每个人都有机会通过努力和坚持去实现自己的价值。

## 活动与思考

### 猜谜语

“世界上哪样东西是最长的又是最短的，是最快的又是最慢的，是最能分割的又是最广大的，是最不受重视的又是最值得惋惜的？没有它，什么事情都做不成；它使一切渺小的东西归于消灭，使一切伟大的东西生命不绝。”

——伏尔泰

**【思考】**

（1）谜底是什么？

________________________________________

________________________________________

________________________________________

（2）这个谜底反映出这个东西有什么特点？

________________________________________

________________________________________

________________________________________

一般认为，时间有以下四个特点：无法开源、无法节流、不可取代、不可再生。这四个特性可以这样理解：

首先，时间的供给量是固定不变的，在任何情况下既不会增加，也不会减少。无论性别、职位、贫富，我们的每一天都有 24 个小时，所以我们无法开源。赫胥黎曾说过："时间最不偏私，给任何人都是二十四小时；时间也是偏私的，给任何人都不是二十四小时。"

其次，时间无法节流。孔子曾说过："逝者如斯夫，不舍昼夜。"时间不像财力、物力那样可以被积蓄和存储。

再次，时间是不可取代的。任何一项活动最基本的、不可缺少的载体就是时间，所有的活动都必须依赖于时间的参与。

最后，时间不可再生。陶渊明曾说过："盛年不重来，一日难再晨。"时间一旦过去，则永远过去，不会因为你的不舍而从头再来。

时间的四个特性如图 3-1 所示。

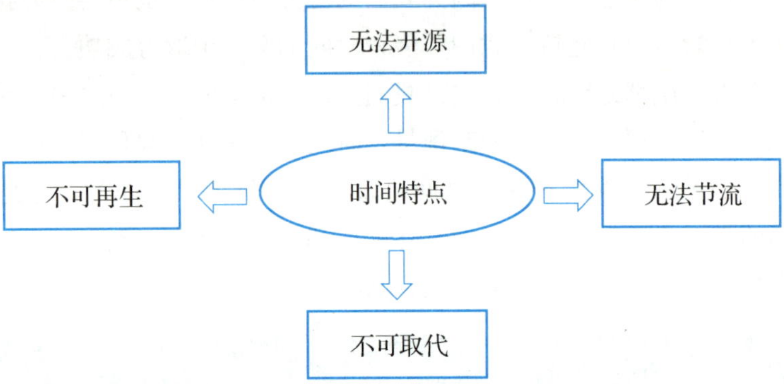


图 3-1 时间的四个特性

## 职场故事

小明是一家大型公司的高级经理，他经常面临着很多任务和压力。在过去的几个月里，他感觉自己无法高效地完成工作，总是感觉时间不够用。于是，他决定采取一些时间管理的方法来解决这个问题。

首先，小明开始每天早晨制订一份详细的工作计划。他列出了当天的任务和优先级，并为每个任务设定了一个时限。这样，他就可以更好地掌握自己的工作进度，并根据优先级合理安排时间。

其次，小明决定合理安排会议和其他的工作任务。他在开始每个会议之前确保有一个明确的议程，并设定会议的时限。此外，他尝试将一些烦琐的工作任务委托给他的团队成员，从而让自己有时间专注于更重要的事务。

最后，小明学会了拒绝一些无关紧要的事务。他意识到自己经常会被一些不重要的事情分散注意力，因此他开始学会说"不"。他只专注于那些真正对他的工作有价值的事情，减少了时间和精力的浪费。

经过一段时间的实践，小明发现他的工作效率明显提高了。他能够更好地掌控自己的时间，并有效地完成工作任务。时间管理为他提供了更多的自由和机会，使他能够更好地平衡工作和生活。

**【思考】**

（1）小明的实践给了你哪些启示？

（2）你认为什么是时间管理？

## 三、时间管理的概念

时间管理，是不是管理时间呢？管理时间强调的是对时间本身的分配和控制，比如“我今天要花 3 小时做这件事，2 小时做那件事”。这种做法比较机械，只是单纯地把时间进行切分，可能只是简单地安排日程，没有明确的管理目标。比如，一个人可能会安排一天的时间，但没有考虑这些安排是否有助于实现自己的长期目标。可是时间不以人的意志为转移。时间是不可控的，它以固定的速率流逝，无法被增加或减少。人无法控制时间的变化，只能改变自己的行为。

### 活动与思考

#### 铁桶装物游戏

**一、活动目的**

体会时间管理的重要性。

**二、活动形式**

游戏体验。

**三、道具**

铁桶一只，大石头一块，碎石若干，细沙一堆，水一罐。

**四、活动步骤**

把以上物品按不同的方式装进铁桶。

**【思考】**

按照怎样的顺序可以把以上物品都装进铁桶？

所谓的时间管理，不仅是管理时间，而且是基于时间的“无法开源、无法节流、不可取代、不可再生”等特性，去管理“自我对时间资源使用的出发点、思维、方式、方法及与时间对应的事项安排”，以求减少时间浪费，用最短的时间或在预定的时间内实现既定目标的行为。

“时间是无始无终的，而每个人的生命却是有限的。”因此，时间管理的对象不是“时间”，而是每一个“使用时间的人”，其本质就是“自我管理”。时间管理是为了确保人生规划的顺利实施，这也是时间管理的根本目的。时间管理只是让我们追求幸福生活、实现人生梦想的有效工具。时间管理的代际划分如图 3－2 所示。

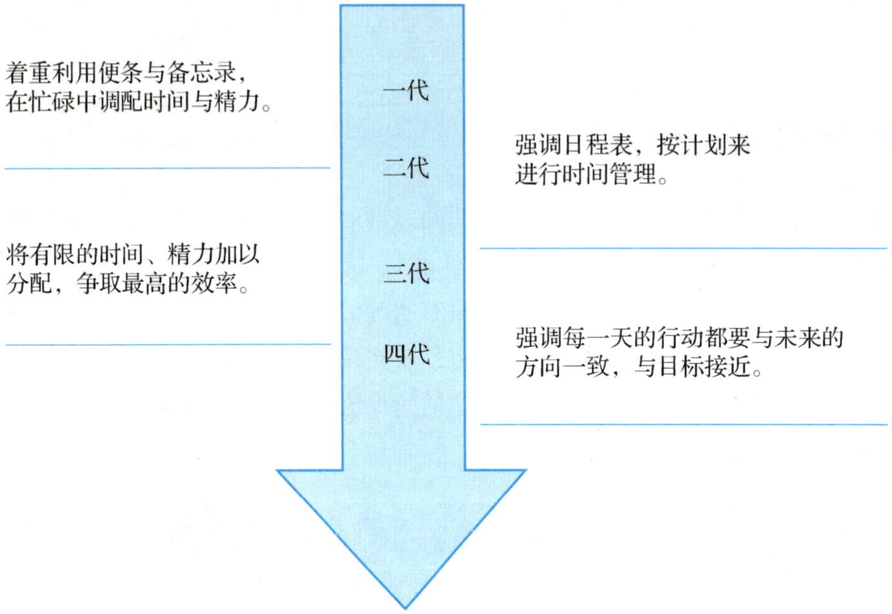


图 3－2　时间管理的代际划分

时间管理是以目标为导向的，其核心在于通过合理安排时间，实现个人目标、提高效率和生活质量，而不仅仅是简单地对时间进行控制。时间管理能够帮助个体或团队对任务进行合理规划与安排，避免因无序和混乱导致时间浪费。例如，在软件开发项目中，团队运用甘特图等时间管理工具，明确各阶段任务的起止时间与责任人，使得项目成员能够有条不紊地开展工作。原本可能需要数月才能完成的项目，通过有效的时间管理，不仅提前完成，而且产品质量也得到了显著提升。这表明，合理的时间管理可以让工作与学习更加有序，从而提高效率，在相同时间内完成更多任务。

时间管理是一个自我约束与自我管理的过程。时间管理要求我们先明确自己的目标（比如学习新技能、完成项目、提升生活质量等），然后根据目标来安排时间，不仅包括时间的分配，还涉及对任务的优先级排序、目标的设定、行为习惯的调整等。时间管理是一种系统性的方法，目的是通过高效利用时间来实现更长远的目标，个体能够逐渐培养自律的习惯。例如，我们的目标是提升英语水平，时间管理会帮助我们合理安排每天的学习时间，并确保这些时间被高效利用。时间管理会考虑任务的重要性（是否对目标有帮助）和紧急程度（是否需要马上做），而不仅仅是分配时间。通过培养良好的时间管理习惯，如早起、高效工作、定期休息等，我们可以提高生活和工作的整体效率。一位长期坚持早起锻炼的人，通过每天设定固定的起床和锻炼时间，并克服各种困难坚持执行，不仅养成了良好的锻炼习惯，身体素质得到提升，同时在其他方面也会变得更加自律，如能够更好地控制饮食、合理安排工作与休息时间等。这种自律能力的提升有助于个体在生活和工作的各个方面取得更好的成果。或者，更直观地说，时间管理给我们带来的最起码的好处就是，帮我们实现合理的生活——把我们原本在工作中浪费掉的时间用于享受其他的快乐。

### 拓展阅读

青年时光非常可贵，要用来干事创业、辛勤耕耘。

——2016 年 4 月 26 日，习近平在安徽调研时同知识分子、劳动模范、青年代表座谈会上的讲话

我们必须走在时间前面，成为时代的弄潮儿。

——2017 年 12 月 29 日，习近平在全国政协新年茶话会上的讲话

时间是最客观的见证者。

——2018 年 2 月 14 日，习近平在中共中央国务院春节团拜会上的讲话

让我们只争朝夕，不负韶华。

——2019 年 12 月 31 日，习近平发表 2020 年新年贺词

时间不等人！历史不等人！时间属于奋进者！历史属于奋进者！

——2020 年 1 月 23 日，习近平在 2020 年春节团拜会上的讲话

一定要珍惜光阴、不负韶华，如饥似渴学习，一刻不停提高。

——2021 年 9 月 1 日，习近平在中央党校（国家行政学院）中青年干部培训班开班式上的讲话

### 启思导行

写下你在平时生活中关于时间管理的困惑，以及你是如何解决与时间有关的问题的。

## 第三节 时间都去哪儿了

很多人对自己的时间仅仅有个大致的印象：我好像一直在学习或者工作，但是实际上总是碌碌无为。那是因为，我们对自己的忙碌是一种错觉，和实际并不相

符。社会、企业在人才使用过程中，一方面期待个体工作效率高；另一方面需要个体工作进度能够配合企业整体工作进度与具体项目进度，对单位时间的产能有感知，对团队项目推进节奏有感觉。这都需要我们对时间有敏锐的觉察能力。通过学习本节课，我们将认识到时间管理中容易出现的问题。

**职场故事**

一天下午，G公司的生产部经理李华正在参加公司召开的企业发展战略研讨会，由于晚上要给女朋友过生日，他心里在盘算这件事。突然收到手机短信，两个同学从外地出差来此，约李华晚上参加校友聚会。这时主持人宣布，由于这次会议时间紧，请全体与会人员晚上参加分组讨论。刚一散会，五金车间的一名班长满头大汗地跑进会场，拉着李华就往外走，原来几名工人与运输部门的搬运工发生纠纷，现在打起架来了，车间主任和在场的保安制止不了，因此派班长来找李经理。

**【思考】**

假如你是李华，此时此刻你该怎么办？

## 一、时间管理的误区

时间管理是指通过事先规划和运用一定的技巧、方法与工具实现对时间的灵活有效运用，从而实现个人或组织的既定目标的过程。时间管理的关键是对事件的控制，即把每一件事情都能够控制得很好，包括如何选择、支配、调整、驾驭在单位时间里所做的事情。

人的一生中，时间究竟都去哪儿了？从生理角度来说，从出生到成年，我们花费大量时间在身体成长和学习生活技能上。婴幼儿时期，大部分时间用于睡眠、进食和探索周围环境。随着年龄增长，进入学校后，时间被学习、社交等活动占据。成年后，工作、家庭等责任又成为时间的主要消耗点。在这个过程中，身体也在逐渐衰老，时间在我们的身体变化中悄然流逝。除此之外，每天我们需要花费一定的时间用于维持身体的正常运转，如睡眠、饮食、洗漱等。睡眠占据了人生约三分之一的时间，饮食、洗漱等日常活动也会消耗不少时间，这些时间虽然看似平常，但却是维持生命和生活质量的必要付出。

从日常生活角度来说，对于大多数人，工作和学习是时间的重要去向。为了获取知识和技能，人们从小学到大学要经历十几年的学习时光，每天在课堂上听讲、课后做作业、复习功课等。参加工作后，人们又将大量时间投入工作中，可能每天要花费8小时甚至更长时间在办公室、工厂等地，为了完成工作任务、提升职业能力而努力，很多人还会利用业余时间学习充电，以适应不断变化的工作需求。家庭生活也是时间的重要归宿。我们会花时间陪伴父母、照顾子女，如与家人一起吃饭、聊天、看电视，带孩子参加各种活动等。此外，与朋友聚会、参加社交活动也会占据一定时间，这些互动对于我们的情感支持和心理健康至关重要，但也在不经意间消耗了大量时间。在忙碌的工作和生活之余，人们需要通过休闲娱乐来放松身心，这也是时间的一个去向。有人喜欢通过阅读书籍、观看电影、听音乐来打发时间，有人则热衷于运动、旅游等户外活动。这些活动虽然是为了放松，但也占据了人们不少的时间。

## 活动与思考

填写“我的一天”时间记录表（见表3-1），主动上台分享自己的一天。

表3-1 “我的一天”时间记录表

| 班级： | | 姓名： | | 日期： |
|---|---|---|---|---|
| 时间节点 | 在做什么 | 完成情况 | 是否有人提醒协助 | 结果是否满意 |
| 5:00—7:00 | | | | |
| 7:00—8:00 | | | | |
| 8:00—10:00 | | | | |
| 10:00—12:00 | | | | |
| 12:00—14:00 | | | | |
| 14:00—16:00 | | | | |
| 16:00—18:00 | | | | |
| 18:00—19:00 | | | | |
| 19:00—20:00 | | | | |
| 20:00—21:30 | | | | |
| 21:30—22:30 | | | | |
| 22:30—24:00 | | | | |
| 24:00—5:00 | | | | |

**【思考】**

对照自己的时间记录表，重新思考和重新设计如何更好地安排一天的时间。

时间管理能够帮助我们合理规划每日的任务与活动，影响时间管理的主因素有环境因素和个人因素。生活环境中经常会出现许多突发事件，也可能受到别人的打扰，打乱原有的工作计划，而更多的因素与个人有关，如：缺乏明确的目标和计划、无法拒绝他人的要求、过于追求完美、不善于利用碎片时间、缺乏监督和反思等。

### （一）缺乏明确的目标和计划

没有明确的目标和计划，就像航行中没有指南针的船只，容易迷失方向。没有目标，人们就很难判断哪些任务是重要的，哪些任务是可以推迟的，从而导致时间被随意挥霍。我们需要设定清晰、具体、可衡量的目标，并制订详细的计划来实现这些目标。我们也需要使用待办事项列表、日程表等工具来帮助自己制订和执行计划。

### （二）无法拒绝他人的要求

很多人因为无法拒绝他人的要求而浪费了大量时间。他们可能过于关注他人的需求，而忽视了自己的目标和计划。我们应该学会识别那些不必要的要求，并勇敢地说“不”。我们可以使用一些礼貌但坚定的语言来表达自己的立场，并给出理由。同时，我们要明确自己的时间价值，不要随意把时间浪费在无关紧要的事情上。

### （三）过于追求完美

有的人过于追求完美会花费过多的时间在细枝末节上，导致整体效率降低。我们要学会接受不完美，并把时间集中在最重要的事情上。我们可以为自己设定一个合理和可实现的标准，而不是一个不切实际和不可达到的标准。同时，在完成任务后，我们要给自己一些反馈和奖励，以鼓励自己的进步和成就。

### （四）不善于利用碎片时间

碎片时间是宝贵的，但很多人却忽视了这一点。他们可能认为只有大块的时间才能用来完成任务，而碎片时间则被浪费在一些无意义的事情上。其实，我们可以利用碎片时间来完成一些小任务或进行短暂的休息和放松。比如，在等车等餐的时间可以阅读、回复邮件等。同时，我们也可以使用一些工具来记录和执行小任务，如笔记本、手机等。

### （五）缺乏监督和反思

没有监督和反思，人们就很难发现自己的时间管理问题。他们可能一直重复着错误的时间管理方式，而不知道如何进行改进。我们可以给自己设定一些目标，并定期进行监督和反思。我们可以记录自己的时间使用情况，分析哪些时间是有效的，哪些时间是浪费的。同时，我们要定期回顾和总结自己的时间管理数据，以评估时间管理效果，并找出改进的方法。

综上所述，我们要避免这些时间管理的误区，需要明确目标和计划、学会拒绝、接受不完美、善于利用碎片时间以及进行监督和反思。只有这样，我们才能更好地管理时间，提高工作效率和生活质量。

**职场故事**

## 小李的职场故事

小李是一家知名互联网公司的程序员。他技术不错，人也聪明，但有一个致命的毛病——拖延症。每次接到任务，小李总是信心满满地答应下来，可真正开始做的时候，却总是拖拖拉拉。

有一次，公司接到一个重要的项目，项目经理把一个关键模块交给了小李。小李满口答应，心里却想着："还有好几天呢，不着急。"于是，他先花了半天时间在社交媒体上刷视频，又和同事聊了会儿天。等到想起任务的时候，已经是下午了。他安慰自己："明天开始做，应该还来得及。"

第二天，小李又因为一些琐事耽误了时间。他告诉自己："再等一天，应该没问题。"就这样，一天拖一天，直到项目截止日期的前一天，小李才开始着急。他熬夜赶工，代码漏洞百出，测试也没时间好好做。最终，项目延期交付，公司损失了一个重要的客户。

项目经理找到小李，语重心长地说："小李，我知道你技术不错，但拖延症真的会毁了你的职业生涯。你得学会合理安排时间，把任务分解成小块，每天完成一点，而不是等到最后才手忙脚乱。"

小李深受触动，他开始尝试改变。他用上了时间管理软件，把任务分解成一个个小目标，每天按时完成。慢慢地，他发现自己不再那么焦虑了，工作效率也提高了。几个月后，公司又接到了一个大项目，小李主动请缨，这次他提前完成了任务，还得到了客户的高度评价。

小李终于明白，拖延症不是不可战胜的，只要下定决心，改变不良习惯，就能在职场上大放光彩。

**【思考】**

（1）你觉得小李的主要问题是什么？

______________________________

______________________________

______________________________

（2）你有没有类似的拖延情况？你是怎么解决的？

______________________________

______________________________

______________________________

## 二、常见的时间浪费现象

在日常生活中，时间浪费现象无处不在，这些看似微不足道的小事，往往在不知不觉中消耗了我们大量的宝贵时间。例如：个人生活中经常过度使用电子设备，沉迷社交媒体，花费大量时间刷微博、朋友圈、抖音等，浏览各种无意义的信息、短视频，不知不觉几个小时就过去了，甚至玩电子游戏无节制，会在电脑或手机上长时间玩游戏，从休闲的小游戏到大型网络游戏，一玩起来就忘记了时间，影响了正常的学习、工作和生活。平时参加一些没有明确目的、只是单纯闲聊吃喝的聚会，在聚会上没有获得任何有价值的信息或情感交流，纯粹是为了消磨时间。与朋友、同事聊天时，话题过于琐碎、无意义，或者在一些不重要的事情上争论不休，长时间占用双方的时间。个人的生活习惯不佳，有些人睡眠时间过长，不仅会影响身体健康，还会浪费大量的时间，导致一天中可利用的时间减少；在处理日常琐事上花费过多时间，没有养成高效处理日常事务的习惯，导致时间在不经意间溜走。

工作学习方面，注意力不集中，学习时周围环境嘈杂，或者学习场所摆放着各种容易分散注意力的东西，如电视、手机等，会导致学习效率低下，使原本可以短时间完成的学习任务被拖延很久。没有掌握正确的学习方法，如死记硬背、不善于总结归纳等，导致学习效果不佳，需要花费更多时间来弥补，造成时间的浪费。工作中会议准备不充分，会议组织者没有提前明确会议目的、议程和相关资料，参会人员对会议内容也不了解，导致会议中讨论混乱，时间被浪费在无意义的争论和信息澄清上。会议中发言冗长、跑题，或者对一些无关紧要的问题过度讨论，缺乏有效的时间管理和引导，使会议超出预定时间，影响后续工作安排。工作流程烦琐，存在过多的审批流程，文件在不同部门和人员之间流转缓慢，等待审批的时间过长，影响了工作的进度。同事之间、部门之间沟通不及时、不准确，导致信息传递错误或不完整，需要反复沟通确认，浪费了大量的时间和精力。

缺乏计划与拖延，每天没有明确的任务安排和时间规划，导致不知道该先做什么后做什么，时间在犹豫不决和混乱中浪费，将重要的事情不断推迟，总想着“还有时间，等会儿再做”，结果临近截止日期才匆忙去做，质量难以保证，还可能因为紧张、赶工而出现更多问题。

## 活动与思考

### 拖延症小测试

1. 手机里通常设定很多起床闹钟，一般间隔时间不超过 10 分钟。（ ）

A. 是　　B. 否　　C. 以上都不是

2. 常常爱赖床，早晨要历经数番挣脱才可以醒来。（ ）

A. 是　　B. 否　　C. 以上都不是

3. 下定决心早起早睡，但很少大肆宣扬，一来到床边就禁不住举起手机。（ ）

A. 是　　B. 否　　C. 以上都不是

4. 制订了运动健身/减肥瘦身/慢跑/游泳等锻炼计划，但一直坚持不了几天，

甚至没有开始。（ ）

A. 是　　B. 否　　C. 以上都不是

5. 你觉得打游戏的时间已较长了，因此你告诉自己，再玩一盘就不玩了，结果常常发觉根本停不下来。（ ）

A. 是　　B. 否　　C. 以上都不是

6. 假如你明日就需要远行旅游，那么你能提早多长时间准备行李箱？（ ）

A. 当日夜里　　B. 提早一周　　C. 提早一两天

7. 你觉得屋子超级乱，此刻你会怎么做？（ ）

A. 找个周六日，做一次大清理

B. 每日整理一点

C. 以上都不是

8. 老师布置了一项工作，并规定一个月后交，此刻你会怎么做？（ ）

A. 欣喜，告诉自己时间还有许多

B. 在工作布置的一周内进行

C. 拆解工作内容，每日做一点

9. 常常对别人说：是我拖延了。（ ）

A. 是　　B. 否　　C. 以上都不是

10. 常常在事后觉得后悔莫及，感觉自身太拖拉，自控能力很差，但下一次仍然这般。（ ）

A. 是　　B. 否　　C. 以上都不是

以上回答，选A得5分，选B得1分，选C得3分

检测分析：

41～50分：拖延症末期

你有十分严重的拖延症。许多事你仅仅想一想就作罢，很难真正行动起来。你一直等到事情的最终限期才开始赶工期，运气好的话能提前完成，自己就会觉得十分幸运；运气差的话，便会十分追悔，告诉自己下一次一定不再拖延，但自己都知道这是不可能的。

31～40分：拖延症中后期

你有比较严重的拖延症，但不是所有时候都拖延。针对你真心实意高度重视的事，你是不容易拖延的。往往出现严重推迟的事，是由于你心里不看重这类事情，可能有畏难情绪或者厌烦情绪。因此对这类事情你一直是应付，甚至搞得自己身心疲惫。要深层次思考怎么会出现这种状况，并对症解决。

21～30分：拖延症初期

你有轻度的拖延症倾向。有时你有一些完美主义，假如全过程中出现一点误

差，或是结果有一点不符合自己的预期，你就会返回到原点。如果经常出现这种情况，你就会害怕出现有缺憾的结果，并因此一拖再拖不愿开始。适度地降低标准，以结果为导向，而不是以全过程完美为导向，就可以解决你的问题。

10～20分：没有拖延症

日常生活中，你精力充沛、言而有信，没法做到的绝对不会随便承诺。你偶尔也有一些推迟的状况，那可能是你出于缓解工作压力或是根据事情的主次作出的科学安排。你的自控能力强，不易屈服或放弃，即便发生意外状况也能自如应对。

**【思考】**

（1）拖延症是什么原因造成的？

______________________________

______________________________

______________________________

（2）分小组讨论解决拖延症的方法。

______________________________

______________________________

______________________________

学生在时间管理上存在较多的问题包括信息干扰、低效健忘、拖延症、不分轻重等。这些行为习惯迁移到职场，就会导致工作重点不突出、频频误事而没感觉、跟不上团队工作节奏等，无法满足实际工作的需求。我们需要完成意识上的突破，即时间管理能力是可以通过锻炼培养的，同时也是需要在实际生活与事务处理过程中强化训练的。我们在实际生活中自然积淀的时间管理感性认知，需要通过持续学习提升为理性认知，促使自己形成能够对接职场时间素养要求的事务处理能力及工作进度把控能力。

### （一）信息干扰

这是时间的头号杀手。无论是此起彼伏的微信或QQ消息，抑或骚扰（推销）电话、突然弹出的邮件、做事时突然有人向你提出各种额外的请求，都属于信息干扰。你可能花了少则几分钟，多则数十分钟用于处理这些干扰信息，表面上看好像时间损失得不多，但是你原来做事的思路被打断了，重新找回还需要时间，甚至找回之前做这件事的状态又需要一点时间，于是信息干扰带来的时间损失可能是一两个小时甚至半天乃至更多。特别是在智能手机高度普及的今天，很多人机不离手，不时拿出来看看，相当于自己又给自己“补充”了一点信息干扰。我们需要特别留意一个事实：很多APP是根据大数据算法来进行信息推送的，用户一旦开始浏览信息，就很难把手机放下来，这在时间管理上被称为“时间黑洞”。我们虽然没有必要放弃使用手机，但是可以通过自我管理，让手机为我们所用。

### （二）低效健忘

效率低下是浪费时间的另一个主要原因。效率与个人心理、生理都有很大的关系。但是被干扰影响的情绪和因为干扰造成的时间不足而带来的焦虑也会导致效率进一步地降低。忘事是很多人都有过的经历，其实有时候是潜意识在作祟，因为你觉得事情不重要，所以大脑会屏蔽一些信息，使自己误以为没有事情需要做，实际上当突然想起的时候发现很多事情压根就没有做。

### （三）拖沓、拖延症

拖沓、拖延症的本质是没动力。这种没动力，一方面可能是因为你对事情本身不感兴趣；另一方面也可能是你觉得事情太重要了，必须具备若干条件才能动手去做。于是你一边看着日程表里面的事情，一边给自己找诸多借口不去做；或者着手去准备一个个条件，而这些条件可能又有其他先决条件，于是你在岔路上一路狂奔，以至于忘了最初要做的事情是什么。要克服拖沓、拖延症，就需要培养积极的态度和学会自我激励。可以设定一些小目标，并在完成后给自己一些奖励，以增加动力和成就感。同时，学会分解任务，将大任务分解为小步骤，每完成一步就给自己一些肯定。

### （四）不分轻重

这是很多看似行动力强的人的头号时间杀手。为什么呢？因为他们遇到所有事情都是马上去做，不分轻重，按事情发生的顺序去做事，最后发现一天忙下来做的都是琐事，真正重要的事情做得很少或者根本没做。当然有些人是掂轻怕重，遇到重要的事情拖着不去做，最后又回到了拖延症的老路上。我们要学会识别重要任务和紧急任务，并把时间优先分配给重要任务。可以使用四象限法等方法来帮助自己对任务进行区分和排序。同时，我们要时刻保持对目标的关注，不要让琐事占据了自己的时间和精力。

从时间管理的专业角度而言，产生上述四种类型的低效行为的原因如下：一是没有掌握主次、轻重的区分标准。对于如何分辨时间性质、如何辨析事件重要程度的顺序、如何克服心理上的畏难情绪等都不是很清楚；二是没有找到自己奋斗的方向和目标，或者说虽然有方向和目标但很模糊，没有起到航向标的作用；三是缺乏实践锻炼，事情头绪一多就晕头转向，自然谈不上系统思考、统筹安排了。

### 职场故事

小明是一名高中生，面临着繁重的学业压力。在未进行时间管理之前，他常常感到学习任务杂乱无章，成绩也不理想。为了改变这种状况，小明开始运用时间管理方法。他首先采用四象限法对每天的学习任务进行分类，将即将到来的考试复习、重要知识点的整理等任务归为重要紧急；将预习新课、阅读课外书籍以拓展知识面等任务归为重要不紧急；将老师临时布置的简单作业归为紧急不重要；将一些与学习无关的娱乐活动归为不重要不紧急。然后，他运用番茄工作法来安排学习时间，每学习 25 分钟休息 5 分钟，保证学习过程中的专注度。同时，他还使用时间日志法记录自己每天的学习时间分配情况，通过分析发现自己在一些琐碎事务上浪费了较多时间，于是进行了调整。经过一段时间的实践，小明的学习效率得到了显著提高，成绩也有了明显提升。不仅如此，他还能够合理安排时间参加社团活动，实现了学习与兴趣爱好的平衡。

**【思考】**

你从这个故事中获得的启示是什么？

______________________________

______________________________

______________________________

## 三、解决常见时间浪费问题的方法

### （一）克服拖延症的方法

拖延症是时间管理中常见的问题，它会导致任务积压、效率低下，甚至影响个人的心理健康。一项对拖延行为的研究表明，约70%的人表示自己经常拖延，而拖延行为会导致任务完成时间平均延长40%。以下是几种有效的克服拖延症的方法。

#### 1. 明确任务的优先级和重要性

通过使用艾森豪威尔矩阵等工具，将任务按照重要性和紧急性进行分类，优先处理重要且紧急的任务。一项研究发现，当人们明确任务的重要性和紧急性后，拖延行为减少了30%。这种方法能够帮助人们更好地集中精力，避免因任务模糊不清而产生的拖延。

#### 2. 将大任务分解为小任务

将复杂的任务分解为多个小任务，每个小任务都设定明确的时限和目标。例如，要完成一篇长报告，可以将其分解为“确定主题”“收集资料”“撰写初稿”“修改完善”等小任务，每个任务设定1～2天的完成时间。这种方法能够降低任务的复杂性，减少因任务庞大而产生的心理压力，从而有效克服拖延。相关心理学研究表明，将大任务分解为小任务后，任务的完成率提高了50%。

#### 3. 设定明确的奖励和惩罚机制

为自己设定奖励和惩罚机制，以增强完成任务的动力。例如，按时完成任务，可以奖励自己一段休息时间或享受一顿美食；如果拖延，则减少休息时间或取消一些娱乐活动。这种方法能够通过外部激励来增强内在动力，减少拖延行为。一项研究发现，使用奖励和惩罚机制的人在完成任务时的效率比未使用该方法的人高出45%。

**活动与思考**

### 团体拼图游戏

团队成员一起拼一盒拼图，但不要看拼图盒子上的图案，最后统计拼图所花的时间。然后查看拼图盒子上的图案，再重新拼图，统计拼图所花的时间。

**【思考】**

（1）两次拼图花的时间有差异吗？原因是什么？

______________________________________________

______________________________________________

______________________________________________

（2）你从这个游戏中得到的启示是什么？

______________________________________________

______________________________________________

______________________________________________

## （二）管理干扰因素的方法

在现代工作和生活中，干扰因素无处不在，如社交媒体通知、同事的打扰、家庭琐事等。这些干扰因素会严重影响工作效率和时间管理效果。一项对干扰因素的研究表明，人们平均每天会受到10～15次干扰，每次干扰会导致工作进度倒退15～20分钟。以下是几种管理干扰因素的方法。

### 1. 设定专注时间

每天安排特定的时间段用于专注工作，其间不处理任何干扰因素。例如，可以设定每天上午9点到11点为专注时间，关闭手机和社交媒体通知，专注于完成最重要的任务。这种方法能够帮助人们更好地进入深度工作状态，提高工作效率。一项对高效能人士的研究表明，设定专注时间的人在工作中的效率比未设定专注时间的人高出50%。

### 2. 使用时间管理工具

利用时间管理工具，如番茄工作法、时间追踪工具等，可以帮助自己更好地管理时间和任务。例如，使用番茄工作法，每工作25分钟休息5分钟，通过这种方式可以保持高度的专注。同时，使用时间追踪工具可以记录每天在不同任务上花费的时间，发现时间浪费的环节并加以改进。一项对时间管理工具的研究表明，使用时间管理工具的人在时间管理上的效率比未使用该工具的人高出35%。

### 3. 学会说“不”

对于一些不必要的干扰和请求，要学会果断拒绝。例如，同事邀请你参加一个与工作无关的临时会议，而这个会议对你个人的职业发展并没有实质性的帮助，你可以礼貌地拒绝。学会说“不”能够帮助人们更好地保护自己的时间，避免被无关紧要的事情所困扰。一项对时间管理的研究表明，学会说“不”的人在时间管理上的效率比不会拒绝的人高出40%。

### 4. 优化工作环境

调整工作环境，减少干扰因素。例如，将工作区域与生活区域分开，避免家庭琐事的干扰；在办公室中，选择一个安静的角落作为工作区，减少同事的打扰。优化工作环境能够帮助人们更好地集中注意力，提高工作效率。

## 拓展阅读

### 时间管理的相关方法

1. 番茄工作法

这是一种简单易行的时间管理方法，在时间管理方面相对更加微观。使用番茄工作法，选择一个待完成的任务，设定一个番茄时间 25 分钟，在番茄时间内专注工作，中途不允许做任何与该任务无关的事，直到番茄钟响起，然后在纸上画一个记号，记录下来；之后再设定一个番茄休息时间，短暂休息一下。结束一天的工作后，根据记录对当日的工作学习情况进行复盘，同时可以对第二天的时间进行规划。

2. 艾维·利时间管理法

写下你第二天要做的 6 件最重要的事；用数字标明每件事的重要性次序；第二天早上第一件事是做第一项，直至完成或达到要求；然后再开始完成第二项、第三项……每天都这样做，养成习惯。

3. 聚光法

只把有限的时间聚焦到重要的目标上，保证事业上的成功。

4. 柳比歇夫时间管理法

这种方法建立在数学统计的基础之上，重点是对消耗时间的记录进行分析，使人们能正确认识自己的时间利用状况，并养成管理自己时间的习惯。

5. 四象限法

四象限法也称艾森豪威尔法则，是时间管理理论的一个重要方法，它把要做的事情按照紧急、不紧急、重要、不重要的排列组合分成四个象限（也称艾森豪威尔矩阵），有重点地把主要的精力和时间集中地放在处理那些重要但不紧急的工作上，这样就可以做到未雨绸缪，防患于未然。

6. 杜拉克时间管理法

这种时间管理方法是由现代管理专家杜拉克提出的，其具体做法为：(1) 记录时间：分析时间浪费在什么地方。(2) 管理时间：减少用于非生产性需求的时间。(3) 集中时间：在整段时间内工作效率大于在分散时间内的工作效率之和，尽量利用大段时间进行工作。

7. 黄金三小时法则

这是指 5:00～8:00 是人一天中效率最高的三小时，应该利用一天中效率最高的时段去完成一天中最重要的工作，以达到事半功倍的效果。

8. 柯维时间管理法

这是指以目标原则为重心，配合个人对使命的认知，兼顾重要性与急迫性，强调产品与产能的齐头并进。

9. 时间-资源互补法

这种方法来源于项目管理领域，是指时间与用于项目实施的其他资源之间存在互为补充、互相替代的关系。在项目实施过程中，当某一任务完成时限紧迫时，可通过调剂其他资源，增加人力、资金、物资、设备等投入的方式来加快任务的进程；当某一任务完成时限较为宽松时，可调剂部分人、财、物用于完成时限更为紧迫的其他任务，从而实现项目资源优化利用。

10. 自控法

这种方法是指可以通过事物的自我控制实现预定的目的，从而腾出时间和精力去做更重要的工作。

## 启思导行

收集名人的时间管理方法，下次上课分享。

# 第四节 如何进行时间管理

有效的时间管理不仅关乎效率与平衡，更是个人成长与自我提升的重要途径。通过设定长期与短期的个人发展目标，并为之制订详细的行动计划，我们可以更加清晰地看到自己在哪些方面需要提升，以及如何分配时间与资源来实现这些目标。无论是学习新技能、提升专业能力，还是培养个人兴趣与爱好，时间管理都能帮助我们更加专注、高效地朝着目标前进。通过学习本节课的内容，我们可以掌握时间管理的方法。

## 职场故事

### 陈明宇应如何安排时间？

陈明宇是一名大专生，在某公司担任办公室行政助理，杂事特别多。有一天上午刚上班，办公室主任就给他安排了以下六件事：

A. 去交管局处理违章事宜。

B. 到市监局办理营业执照地址变更的相关手续。

C. 拟写一份国庆节放假以及安全注意事项的通知。

D. 协助业务部经理找情绪不稳定的业务员王笑天谈话。

E. 复印机故障，需联系售后服务单位前来维修。

F. 后天主管市场的张副总去北京，需要给他订机票。

主任交代完任务就外出办事去了，这时公关部文员马丽来到他办公桌前坐下，随意地同他聊了起来。其实这几天陈明宇还面临本科进修班的考试，他要抽时间复习。

**【思考】**

面对这样的情况，陈明宇应该如何对待和安排好一天的时间？请你帮助他做一个时间安排的设计方案。

---

---

---

## 一、时间管理的原则

我们常常说“时间就是金钱，效率就是生命”，但是我们又常常听到“我很忙的！”“我没有时间！”“我还有好多事情没有做！”“早知……我就……”

在时间管理方面，我们需要在工作与生活中找到平衡点，确保每一方面都能得到充分的关注与投入。我们可以通过设定“不可侵犯”的个人时间，提升我们的幸福感与生活质量。

大多数人对待时间的原则是：做该做的事情、正确的事情；花同样的时间，取得更多的成果；充分利用时间，不浪费一分一秒。面对繁多的事务和工作，我们该如何选择才能做到以上几点呢？那便是在有限的时间里做有质量、有价值的事。我们做事情的标准，是要先学会找到并做好为未来打基础的事情，打好基础，其他事情才能做得更顺利。我们可以将生活和学习中常见的事情分为投入与产出两方面，具体可以用投入期限与影响力矩阵图表示（见图 3－3）。

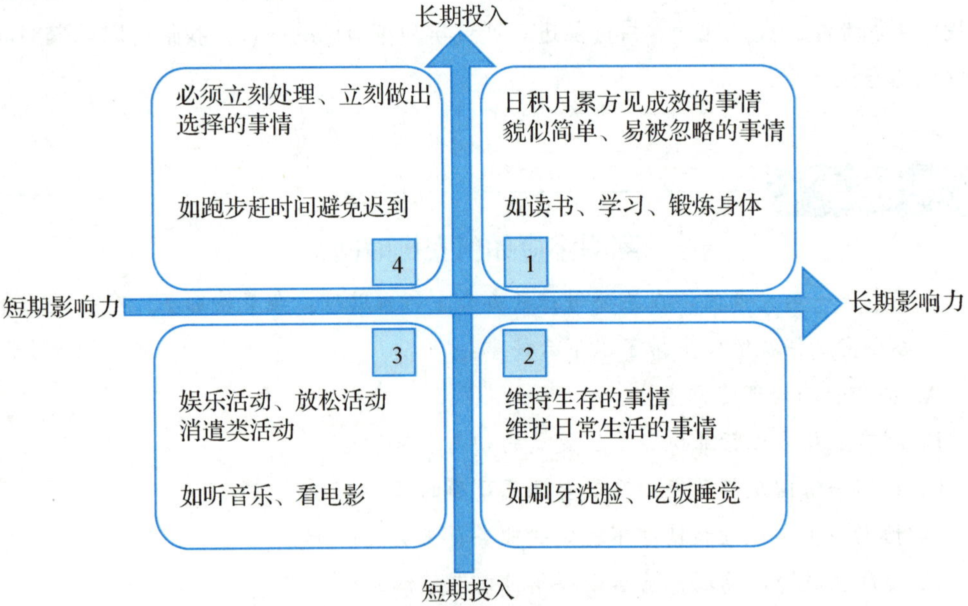


图 3－3　投入期限与影响力矩阵图

在我们的生活和学习中，如果时间占比较大的是第一类事情，那就意味着我们可以通过做这类事来培养自己持之以恒、耐心、自觉、自律、周全等能力，这些能力将会影响我们今后一生的生活、学习、工作的质量。

在我们的生活和学习中，如果时间占比较大的是第二类事情，那就意味着我们可以通过做这类事来培养自己规律生活、独立自理的生活习惯，这些习惯也将影响我们工作和学习的质量。

在我们的生活和学习中，如果时间占比较大的是第三类事情，那就意味着我们通过做这类事情而形成了一种比较闲散、承压能力弱的状态，因为人的生命质量是离不开劳动与付出的，不计回报的劳动与付出能使人的幸福感增加，因此人越是逃避劳动，心里就会越空虚。

在我们的生活和学习中，如果时间占比较大的是第四类事情，那就意味着我们可以通过做这类事情来培养自己的社会技能，这样自己在生活工作中的应变和应急能力会比较突出。但从长久来看，这类人会更喜欢追求成就，也会相对浮躁一些，会忽略一些短期没有成效但长期会影响生活质量的打基础的事情。这样的人能解决应急问题，但难成就长久的事情。

针对以上四类事情的选择，实际上是对四种价值判断的选择。我们应该重视第一类事情，不忽略第二类事情，尽可能管理好第三类事情以防时间透支，巩固第四类事情使之成为更长久的实践，而不是只为获取短期成就的快感。

## 活动与思考

### 给自己一天要做的事情排个顺序

**一、活动目标**

通过记录自己一天的生活、学习、娱乐、休息的时间安排，反观自身对于时间管理的能力。

**二、活动形式**

手账记录。

**三、道具**

白纸、笔。

**四、活动步骤**

(1) 按从早到晚的时间线，进行自己常规一日的行程记录。

(2) 挑选日常在校、周末在家、寒暑假期三个不同的时间段进行一日安排整理。

(3) 根据前述投入期限与影响力矩阵图，回忆自己对事情优先安排的顺序。

**【思考】**

(1) 自己对事情排序的依据是什么？

______________________________________________

______________________________________________

______________________________________________

（2）自己对事情完成的效果是否满意？为什么？

______________________________________________

______________________________________________

______________________________________________

## 二、时间管理的统筹技巧

我们应如何判断一件事情是重要的还是没那么重要的？有没有什么具体标准？在分析应不应该花费时间和精力去做某件事情的时候，我们可以从以下两个角度来评估：一是这件事情在当下将给我们带来的收益大小，这个收益可以是心智或情感层面的，也可以是身体或物质层面的，我们称之为“收益值”，应该做收益值大的事情；二是这项收益随时间衰减的速度，我们称之为“收益半衰期”，半衰期长的事件，其影响会持续较久。在判断一件事情是否正确的时候，主要看它所带来的收益半衰期的长短，应做收益半衰期长的事情而不是半衰期短的事情。

根据收益值和半衰期的排列组合，我们把事情分为四种情况：一是收益值高、半衰期长的事情，比如找到真爱、与非常有见地的人长谈等；二是收益值高、半衰期短的事情，比如买衣服、玩手机游戏等；三是收益值低、半衰期长的事情，比如练一小时书法、背诵三首诗等；四是收益值低、半衰期短的事情，比如连续数小时玩网络游戏、漫无目的地刷微博等。

在此基础上，我们就能快速而准确地分辨出哪些是主要任务、哪些是次要任务了。主要任务，就是那些能够使我们的情况得到持续改善、使我们往好的方向发展、由目标衍生出来的帮助我们完成人生规划的任务。反之，那些让我们维持现状、原地踏步，甚至让我们能力衰退的任务则属于次要任务。

### 活动与思考

#### “时间条”游戏

**一、活动目标**

通过游戏，对时间产生更直观的感知，通过集中分析计算自己的时间安排，了解自己对于时间的利用率如何，从而提升“时间伴我成长”的意识。

**二、活动形式**

自测游戏。

## 三、活动道具

人生岁月目视图（见图 3－4）。

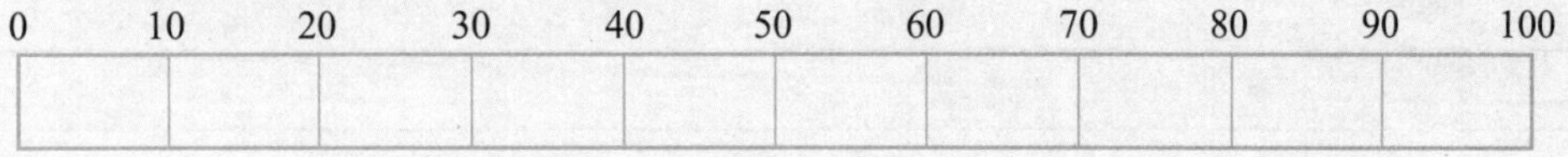


图 3－4　人生岁月目视图

## 四、活动步骤

随着现代科技的发达和医疗进步，未来人均寿命将会越来越长。我们假设自己能活到 75 岁，在一张 A4 纸的长边上画上人生岁月目视的刻度，然后跟着下面的要求一步一步去做。

（1）请把自己现在的年龄之前的格子涂掉。

（2）想想你是否有什么不良的生活习惯，比如熬夜，请减掉 5 年，即 1/2 的格子；比如抽烟，请减掉 10 年，即 1 个格子；比如暴饮暴食，请减掉 10 年，即 1 个格子。有健康生活习惯的，比如健康饮食、定期运动，可以自行加上 3～8 年，换成相应的格子数量。

（3）数一数现在还剩多少格子，接下来请把剩下格子的 1/2 涂掉，这些是用来吃饭、睡觉等维持生存的时间（请根据自己的具体情况来进行），然后把这个数字 1/10～1/6 数目的格子再涂掉，这是每天浪费在刷手机、娱乐上的时间；接着把这个数字约 1/10 数目的格子再涂掉，这是以后你每天浪费在路上的时间；最后把这个数字约 1/10 数目的格子涂掉，这是以后你用来陪伴家人、朋友，维持人际交往的时间。

（4）数一数现在还剩多少个格子，你还有其他规划吗？比如旅游、休闲等，请酌情再涂掉一些。你会生病吗？会因为身体不适而消耗掉一些时间吗？请再酌情涂掉一些。

（5）好了，现在告诉我你还剩多少个格子，把这个数字大大地写在这张 A4 纸上。

**【思考】**

（1）任何人的一天都是 24 个小时，人人平等。那么，是什么造成了人与人之间成长的差距？

（2）如果这是一笔投资，每天我们都会收到同样数额的资金投入，不可留用到第二天，那我们会如何利用这笔财富呢？

(3) 对于现在手里剩下的格子，我们应该如何把握呢？

______________________________________________

______________________________________________

______________________________________________

彼得·德鲁克在《卓有成效的管理者》一书中提出："效率是以正确的方式做事，而效能是做正确的事，效率和效能不应偏废，但这并不意味着效率和效能具有同样的重要性。我们当然希望同时提高效率和效能，但在效率与效能无法兼得的时候，我们首先应着眼于效能，然后再设法提高效率。"时间管理效率关系模型如图 3-5 所示。

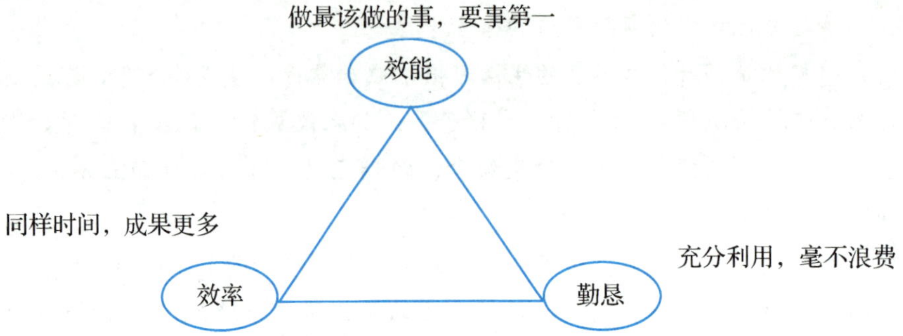


图 3-5　时间管理效率关系模型

通过前面的学习，我们学会了如何去判断一件事情值不值得我们花时间和精力去做。那么，我们应如何来运用时间管理的技巧呢？第一，事不宜迟，速度制胜。速度决定人生进退，速度决定事业成败。第二，统筹安排，平行作业。大块时间处理大块事情，琐碎时间处理琐碎事情，等待时间兼做别的事情，比如煮饭的时候可以洗菜、切菜。第三，优化流程，简化操作，能简则简，高效沟通，高效表达，减少中间环节。第四，整理整顿，快速定位。如个人的书桌、文具以及计算机桌面、文件资料等随手整理，可快速定位，提高效率。第五，选择高效的工具，学会使用高效的软件或 APP，可以帮助我们提高办公、学习的效率。第六，学会第一次就把事情做好，"第一次就把事情做好"是一个观念、一个良好的习惯，会帮助我们节省时间、人力、物力、财力。

## 拓展阅读

### 时间管理方面的学习资源

1. 电影：《时间规划局》

这部电影讲述的故事发生在未来世界，时间成为一种可以购买和存储的商品。当时间真的变成了世界通用的货币时，人们便可以真正地感受到时间就等于一切资源。

在贫民区，所有的人都在争分夺秒地工作赚时间。男主角威尔与母亲一起靠有限的时间艰难地维持着生活。在贫民区，欺诈、抢劫时时刻刻都在发生，人们冷漠、麻木，也许某天睡下就永不再醒来。在富人区，每件东西都很贵。人们吃饭很慢，走路很慢，做什么事都很慢，时间可以任意挥霍，富人可以永生，以至于有的富人活得不耐烦了要自杀。在影片最后，女主角问男主角还剩多少时间，男主角说："只剩一天，但一天可以做很多事情。"

2. 图书：《吃掉那只青蛙》

这本书由博恩·崔西著，许海燕译。很多人都觉得自己没有时间，无法做该做的事情；也会觉得事情进展缓慢，导致自己没有时间去接触那些梦想已久的休闲活动。但现实情况是，人人都貌似忙碌无比、身心俱疲，但始终有人能够轻松摆脱"穷忙族"，站在人生的巅峰。书里提供了 21 个秘诀，可以帮助你将精力投入到最重要的工作上，避免拖延，以实现用最短的时间完成最多的工作。这本书能带给人的启发是：首先，你要明确对你的生活和工作来说最为重要的 3 个目标；其次，每天确定与那 3 个目标有关的任务，然后第一件事就是先把最难的那件事搞定；最后，对与目标无关的事情坚决说"不"。

3. 图书：《时间管理：如何充分利用你的 24 小时》

这本书由吉姆·兰德尔著，舒建广译。这本书以火柴人漫画为主，内容简明扼要、诙谐幽默。书的内容围绕着对时间流逝保持敏感、确定目标以提供路线，以及解决选择难点等几个议题展开。书中对于时间管理的核心做了提炼，非常容易理解，也便于操作。书中介绍的关于增加时间敏感度的方法非常实用。对于办公族无法专注的问题，也有独到的建议。

4. 图书：《把时间当作朋友》

这本书由李笑来著，是关于时间管理写得比较好的一本书。"无论是谁，都最终在某一刻意识到时间的珍贵，并且几乎注定会因懂事太晚而多少有些后悔。"书店里各种各样的关于"时间管理"的书籍多半都作用有限，很多都是别人觉得有用的技法，但完全不能解决你的问题，因为你的时间一直被工作、家人、同事、朋友所占据。自己虽然疲乏，但却始终找不到出口。要做的事情越来越多，可用的时间越来越少，因此时间越来越珍贵，时间越来越紧迫；时间越珍贵就越紧迫，时间越紧迫就越珍贵……压力越来越大，生活成了一团乱麻。一直以来，很多人以为时间管理的本质就是管理时间，所以在学习时间管理技巧，以及相关的 APP 和工具上耗费了不少时间。这本书会告诉你时间管理的本质是自我管理。通过自我管理，你可以避开那些显而易见的浪费时间的误区。时间管理的核心就是生命效能的管理，其中最重要的是明确自己的人生目标，然后每天做一件能实现人生目标的事情，并长期坚持。

## 启思导行

请根据所学内容，制定中职学习阶段的计划目标与具体的时间安排。

# 第四章 沟通的艺术

沟通，是人与人之间、人与群体之间信息、思想和情感的传递、反馈，以求达成一致的活动。有效的沟通不仅能够提高个人的生活质量和工作效率，促进社会和谐与社会进步，更是文化传承的重要动力，因此每个人都应当重视沟通能力的提升。

通过本章的学习，我们将掌握沟通的内涵，加深理解有效沟通的重要意义，了解沟通的基本规律，认识影响沟通效果的因素，掌握有效沟通的技巧，增强有效沟通的意识，在学习、工作和生活中自觉运用沟通艺术，提升沟通能力。

# 第一节 认识沟通

职场沟通的意义深远，它不仅关乎个人职业发展，还直接影响到团队和企业的整体效能。沟通是一个怎样的过程？沟通过程包括哪些环节和要素？本节课我们将深入剖析沟通的各个环节和要素，理解它们如何相互作用，以及沟通的重要意义，这有助于我们觉醒沟通力量，培养高效交流意识。

## 职场故事

### 多方面沟通

张主任是学校党群工作部主任，临近年终，根据校领导会议要求，她需要安排全体中层干部培训。校领导在会议上明确中层干部培训由党群工作部牵头做好计划，并组织实施，培训部在经费上和外出培训或参观交流的地点等方面做好协调。

张主任跟培训部王主任当面商议具体安排，王主任表示，剩余的经费，只能允许10人左右外出学习，外出的地点只能安排在同一城市，三天往返。其他人员如果外出学习，只能从别的项目挪用经费，而挪用其他项目经费需要向分管领导和校长申请。

事后，张主任将具体情况向分管领导汇报，建议年前安排10人左右外出学习，经费没有问题。开学初，可以安排剩余干部外出学习，不要挪用其他项目经费。分管领导同意此建议，要求张主任将具体安排向校长汇报，确定具体安排后，需要将时间安排汇报给办公室，方便统筹学校年终的各项工作。

**【思考】**

（1）你认为案例中有哪些沟通现象？沟通了哪些方面的内容？

（2）从企事业单位发展的角度分析，沟通目的是什么？

## 一、沟通是人类社会的基本活动

苏轼在《赤壁赋》中有“云中谁寄锦书来，雁字回时，月满西楼”的诗句，这里的“锦书”指的是书信，用以表达作者对远方来信的期待和思念。《史记·廉颇蔺相如列传》中记载：“赵王使使者视廉颇尚可用否。”这里的“使者”就是指派往他国传递信息或进行外交活动的官方代表，以进行面对面的沟通。《史记·廉颇蔺相如列传》中“廉颇闻之，肉袒负荆”这里的“闻之”就是指听到或得知的信息，通过口头信息进行沟通。《通典·礼典》中载：“伏羲以俪皮为礼，作瑟以为乐，可为嘉礼；神农播种，始诸饮食，致敬鬼神，禬为田祭，可为吉礼；黄帝与蚩尤战于涿鹿，可为军礼；九牧倡教，可为宾礼。”可见，符号、音乐、舞蹈、礼节等非语言符号也能够进行信息传递。

宋朝毕昇发明了活字印刷术，极大地提高了印刷效率，使得书籍的大规模生产和广泛传播成为可能。辛亥革命时期，大量的革命报纸和杂志如《民报》《新青年》等广泛传播革命思想。在甲午战争和抗日战争时期，电报成为军事指挥和政治决策中不可或缺的信息传递工具。20 世纪初，随着电话网络的不断完善和扩大，电话逐渐成为人们日常生活中不可或缺的沟通工具。电话的普及不仅方便了人们的沟通交流，还促进了商业、教育、医疗等领域的发展。

在现代企业中，即时通信工具如微信、钉钉等已成为员工之间沟通的主要方式。这些工具支持文字、语音、视频等多种沟通形式，使得员工可以随时随地保持联系，及时分享信息、解决问题。随着 Zoom、腾讯会议等视频会议软件的兴起，远程会议已成为企业沟通的重要方式。员工可以通过视频会议进行面对面的交流，分享 PPT、文档等资料，实现远程协作。微博、微信朋友圈、抖音等社交媒体平台已成为人们日常沟通的重要渠道。这些平台不仅支持个人之间的互动，还允许企业与消费者进行直接沟通，收集反馈意见。云计算和大数据技术使得企业能够更有效地管理数据、分析信息，从而作出更明智的决策。这些技术也支持企业内部的沟通协作，如通过云存储共享文件、通过数据分析了解员工沟通习惯等。智能客服机器人可以自动回答消费者的常见问题，减轻人工客服的负担；智能翻译软件可以实现实时翻译，帮助人们跨越语言障碍进行沟通。人工智能技术提高了沟通效率、质量，降低了沟通成本。同时，它们也使得沟通更加智能化和个性化，满足了人们多样化的沟通需求，为企业的发展提供了有力支持。

从古至今，沟通的形式、载体随着时代的变化而不断演变和升级，这些变迁不仅提高了沟通的效率和质量，也丰富了人们的沟通方式和体验。沟通作为人类社会基本而重要的活动，其本质和重要性始终如一。它不仅是个人生存和发展的基础，也是社会进步和文明传承的驱动力。因此，无论时代如何变迁，培养和提高沟通能力，始终是我们每个人不可忽视的重要任务。

## 拓展阅读

"秋，吴城邗，沟通江淮。"

——《左传·哀公九年》

释义：鲁哀公九年（公元前486年）的秋天，吴国在邗国（今扬州市范围）建城，并开凿沟渠来沟通长江和淮河。这里的"沟通"原指开凿沟渠使两水相通。然而，随着语言的演变和社会的进步，"沟通"一词的含义逐渐扩展，现在它已经成为交际学的一个专业术语。

## 活动与思考

### 职场沟通挑战——解决宣传片获取难题

**一、活动目标**

提升在职场中的有效沟通能力；学习如何在面对困难时寻找解决方案，保持积极态度；理解跨部门合作中的协调与沟通技巧。

**二、活动准备**

（1）角色卡片：李主任、宣传部门同事、拍摄单位联系人。

（2）情境背景资料：A单位的来访函件、B单位办公室与宣传部门的初步沟通情况描述。

（3）道具：电话（或模拟电话）、电脑（用于展示"邮件"或"文件传输"界面）。

**三、活动流程**

（1）角色分配：将学生分为三组，每组选出一名代表分别扮演李主任、宣传部门同事和拍摄单位联系人。

（2）情境再现。

第一阶段：李主任向宣传部门同事表达需求，宣传部门同事回复宣传片暂无法提供，建议直接联系拍摄单位。

第二阶段：李主任需要思考如何有效且礼貌地与拍摄单位联系，获取宣传片。同时，考虑如何向宣传部门同事反馈，保持部门间的良好关系。

（3）模拟沟通。

李主任通过电话与拍摄单位联系人沟通，说明需求，询问是否可以提前获取宣传片，以及获取的具体方式。

宣传部门同事在一旁观察，思考如果自己是李主任会如何处理，同时准备对李主任可能的反馈立场给予支持或建议。

（4）角色互换与反思。

角色互换：让部分学生尝试扮演之前未扮演过的角色，体验不同角色下的沟通难点与策略。

小组讨论：每组分享沟通中的亮点与不足，讨论更有效的沟通方式。

沟通不仅要从不同的角度、不同的立场审视问题，还要学会灵活和全面地思考问题，更要保持积极态度，不断提升自我。

## 拓展阅读

战国时期，赵国得到稀世珍宝和氏璧，秦国得知后提出愿以十五座城池交换。赵国担忧秦国欺诈，但不敢直接拒绝以免引发战争。在此背景下，赵国大臣蔺相如主动请缨，携带和氏璧出使秦国。

秦御史前书曰："某年月日，秦王与赵王会饮，令赵王鼓瑟。"蔺相如前曰："赵王窃闻秦王善为秦声，请奉盆缶秦王，以相娱乐。"秦王怒，不许。于是相如前进缶，因跪请秦王。秦王不肯击缶。相如曰："五步之内，相如请得以颈血溅大王矣！"左右欲刃相如，相如张目叱之，左右皆靡。

在这段描述中，蔺相如面对秦王的挑衅，不仅没有被吓倒，反而以机智和勇气迫使秦王击缶，维护了赵国的尊严。他的沟通方式既坚定又机智，展现了高超的外交手腕。

## 职场故事

### 项目报告冲突

李明（项目经理）："小张，你这次的报告做得真是太粗糙了，完全不符合我们的标准。"

小张（员工）："我觉得我已经尽力了，而且报告里也有一些亮点，你为什么只看到不好的地方？"

李明："亮点？我看到的都是问题，这种水平怎么能让客户满意？"

小张（有些激动）："你这是在故意找碴吗？我以前做的报告你也没少夸，怎么这次就这么多意见？"

李明："我以前夸你是因为你做得好，这次不行就是不行，别找借口。"

小张（声音提高）："你这是在压制我，故意让我难堪！"

李明："我只是实话实说，你要是不想干了就直说，别在这儿无理取闹。"

**【思考】**

（1）你认为案例中沟通了哪些信息？

（2）从推进工作的角度分析，此次沟通的目的应该是什么？

______________________________

______________________________

______________________________

（3）如果你是李明或者小张，你会如何沟通？

______________________________

______________________________

______________________________

## 二、沟通是复杂而多维的过程

### （一）沟通的6个方面

#### 1. 明确沟通目标

沟通作为人类社会中不可或缺的一部分，其目的多种多样，其主要目的分为解决问题、建立关系、达成共识或者传递信息，这几个目的相互交织，共同构成了沟通的多维度价值。在开始沟通之前，首先要明确沟通的目的或目标，这有助于确保沟通的内容与预期的结果保持一致。

解决当前的问题或挑战往往是沟通的首要（直接）目的，通过沟通传递信息，双方明确问题的本质，探讨可能的解决方案，并最终达成一致，推动工作进展。沟通有助于增进了解，培养信任，提升合作效果，增进情感交流，为合作建立良好的基础。通过充分的讨论和协商，可以明确双方共同点和分歧点，寻求共识，增强凝聚力，推动工作的顺利进行，以实现共赢。

沟通是建立和保持人际关系的重要手段。通过有效的沟通，人们可以增进彼此的了解和信任，从而建立稳固的人际关系。沟通是信息传递的桥梁。通过有效的沟通，人们可以分享知识、经验和观点，促进信息的流动和共享。沟通是解决问题的关键。当遇到分歧或冲突时，通过有效的沟通，人们可以找到问题的根源，并共同寻求解决方案。沟通有助于达成共识。通过交流观点、协商和妥协，人们可以就共同关心的问题达成一致意见，从而推动事情的进展。

**拓展阅读**

“故言，心声也；书，心画也。声画形，君子小人见矣。”

——汉·扬雄《法言·问神》

语言（言辞）是心灵的声音。这里，“言”指的是人们说出来的话或写出来的文字，“心声”则是指内心的思想、情感和意愿。

这句话强调了语言和内心之间的紧密联系。人们通过语言来表达自己的思想、情感和意愿，而语言的内容、风格和表达方式则能够反映出说话者的内心世界和个性特征。

同时，这句话也提醒我们在沟通时要关注对方的语言表达，通过倾听和理解对方的话语来洞察其内心的真实想法和情感状态。

2. 选择沟通方式

沟通的方式多种多样，每种方式都有其独特之处和适用场景。常见的沟通方式有口头沟通、书面沟通、非言语沟通等。口头沟通包括面对面交谈、电话会议、视频会议等，可直接观察到对方的反应，并及时调整策略，适用于需要即时反馈和深入交流的场合。书面沟通主要通过文字传递信息，如信函、电子邮件、工作报告，可随时查阅、保存，可确保信息准确传递和接收，适用于需要详细记录、异地沟通和正式通知的场合。非言语沟通包括肢体语言、语音语调语速、面部表情、仪容仪表等。正确地运用非言语沟通可以传递情感、态度和观念，能够增强口头表达的说服力，而错误的非言语信号会导致误解和冲突。非言语沟通适用于直接沟通的场合，如面对面沟通、电话沟通、视频会议等场合。

3. 把握沟通过程

沟通的过程是一个循环或互动的复杂精细系统，包括信息发送、接收、反馈，需要考虑信息编码解码质量以及沟通的渠道、环境、情境等因素，受个人的习惯、文化背景、经验和状态的影响。

沟通前，要围绕沟通目标准备传达的信息，确保信息清晰、准确且易于理解。沟通过程中，要使用适当的方式，以语言和非语言形式发送信息，确保沟通方式符合受众的文化背景和期望。沟通过程中，要认真倾听和接收对方的反馈，以便于更好地理解对方的需求和观点，从而作出适当的回应。另外，还需要通过提问、复述或总结的方式，定期确认对方是否理解了你所传达的信息，以确认理解，消除误解和歧义。在沟通结束后，通过收集反馈、观察结果或进行后续交流来评估沟通的效果。

4. 明确沟通内容

沟通内容的编码和解码受到个人的能力、背景知识、经验和偏好的影响，同时，沟通受信息的性质、目标受众的喜好、沟通环境的限制以及物理环境、心理状态、社会背景、文化背景或沟通渠道本身等因素影响。这就需要我们提高信息质量，选择合适的渠道，增强反馈机制，减少干扰，选择适合的沟通情境，才能提升沟通效果。

## 拓展阅读

沟通漏斗是指在工作中团队沟通效率下降的一种现象。具体来说，当一个人心里想的是100%的信息，在众人面前用语言表达时，这些东西已经漏掉20%，只剩下80%。当这80%的信息进入别人的耳朵时，由于文化水平、知识背景等因素的影响，只留存了60%。实际上，真正被别人理解了、消化了的东西大概只有40%。等到三天后这些人遵照领悟的这40%行动时，已经变成了20%。三个月后信息衰减得有可能只剩下5%。沟通漏斗现象如图4-1所示。

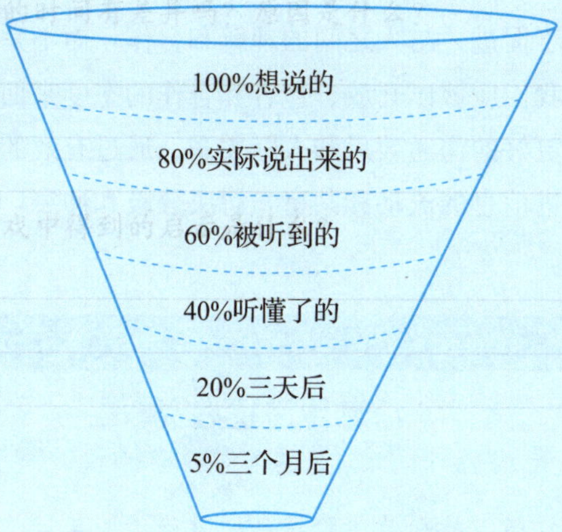


图4-1　沟通漏斗现象

5. 把握沟通层次

沟通漏斗模型（见图4-2）将沟通分为5个层次：

第1层：沟通事实。不添油加醋，真实呈现事件“原图”；

第2层：沟通态度。表达自己对事件的态度，加了一层“滤镜”；

第3层：沟通想法。表达自己对事件的建议和想法，加了第二层“滤镜”；

第4层：沟通感受。表达自己产生的感受，给“原图”再次“磨了皮”；

第5层：沟通情绪。带着强烈情绪表达，“原图”已经彻底失真。

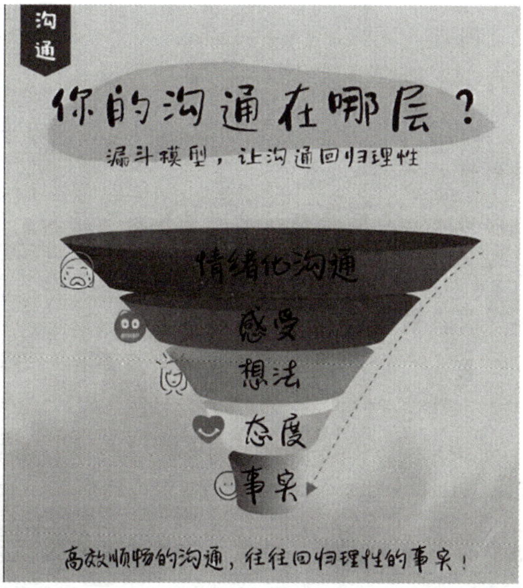


图4-2　沟通漏斗模型

高效顺畅的沟通，往往发生在漏斗的最下端，应过滤掉那些造成干扰的杂质，如情绪、感受、想法和态度，回归事实和理性，让沟通回归本质。

6. 进行有效沟通

沟通的核心价值在于促进人与人之间的理解和合作，而不是为了赢得争论或占据上风。因此，在沟通中，我们应该以开放、包容和合作的态度来面对对方，努力寻求共同点和解决方案，以实现更好的沟通效果和人际关系。通过有效的沟通，我们可以建立更加稳固的人际关系，促进信息的流动和共享，解决分歧和冲突，最终达成共识和推动事情的进展。

## 活动与思考

### 信息传递拉力赛

**一、活动目标**

提升沟通意识和技巧，特别是体验信息的准确传递与接收；在轻松愉快的氛围中体验沟通的重要性；增强团队合作能力，促进班级内的相互理解和信任。

**二、活动准备**

准备一段简短但包含多个关键信息的故事或指令（可以是文字、图片或视频）。

分为若干小组，每组5～7人。

确保活动空间足够，以便小组内部成员可以围成一圈进行活动。

**三、活动步骤**

(1) 引入活动。

教师简要介绍活动规则和目标，强调沟通在信息传递中的重要性。

(2) 分组接力。

每个小组内部成员围成一圈坐下。

教师将原始信息悄悄告诉每组的第一名成员（确保其他成员听不到）。

第一名成员在限定时间内（如30秒）将信息用肢体语言和口型传递给第二名成员，不能写字或使用其他记录工具。

信息依次在小组内传递，直到最后一名成员接收到信息。

(3) 信息复述与对比。

每组的最后一名成员将接收到的信息复述给全班听。

指导学生对比各组复述的信息与原始信息，记录差异和误解。

(4) 讨论与反思。

讨论信息传递过程中可能出现的问题和原因，如语言模糊、理解偏差、记忆失误等。

分享自己在活动中的感受和体验，思考如何改进沟通方式以减少误解。

有效的沟通不仅需要清晰地表达，还需要耐心、细致地倾听、准确传递、确认理解，并且需要团队合作与协作精神。

## （二）掌握沟通的核心要素

### 1. 语言清晰、准确

恰当的语言能够确保信息的有效传递。在沟通时，我们应该注意选择合适的词汇和表达方式。同时，我们还需要根据沟通对象的特点和背景，调整语言风格，以确保信息能够被准确理解和接受。

### 2. 情绪管理在沟通中同样重要

情绪的稳定性和自我控制能力能够影响我们的沟通态度和方式。当我们处于积极、平和的情绪状态时，更有可能采取开放、理性的沟通方式，从而更容易达成共识和解决问题。相反，如果情绪失控，我们可能会采取攻击性或防御性的沟通方式，导致沟通失败或关系破裂。

### 3. 倾听是有效沟通的另一个关键要素

倾听不仅仅是听到对方的话，更重要的是理解对方的意图和情感。通过倾听，我们能够更好地理解对方的需求和期望，从而作出更恰当的回应。在倾听时，我们应该保持专注和耐心，避免打断对方或急于表达自己的观点。同时，我们还可以通过点头、微笑等非言语方式来表达自己的关注和尊重。

## 拓展阅读

### 聆听-层次理论

国际倾听协会的统计发现，《财富》世界500强企业中，有70%的公司开始设立倾听的训练课程。这份调查也指出，70%的经理人都只是“勉强合格”的倾听者。《哈佛商业评论》因此下了批注：听，其实是我们“未使用的潜能”，亟待开发。那么，听的内涵何在？

在卡内基训练的架构中，听的层次由低到高有五层，分别是“完全漠视的听”“假装在听”“选择性的听”“积极换位思考的听”“专业咨询的听”五种。

“完全漠视的听”是最糟糕的听，连耳朵都没打开。“假装在听”则是耳朵打开了，却没有打开心、脑的耳朵，所以，别人的谈话就从左耳进、右耳出。以上两种状况以自以为知道、对别人不屑一顾居多。“选择性的听”，在先入为主的观念下，只听自己想听的部分。换言之，这种人对于他人之言有“偏食”的习惯，他认可的对象或话题，他才会打开全身的收音器。这种类型的人，从一般人到企业家都有可能，而且职位越高者，听的层次越有可能局限于此。因为根据成功的经验，他们认为自己足以判断何者可听、何者不可听。上述三种层次的听，都不及格，不是倾听，但约有70%的人属于这三种类型。

至于“积极换位思考的听”就是聆听，在对方讲话的时候，眼睛能看着对方，专注地听，并且撇开成见，站在对方立场想。这种倾听就是打开身上所有的收音器，去感受、去观察，让自己“感同身受”。这种倾听不但可以听到事实，还可以听到对方的心理。心理层面的非语言透露出来的信息往往远比话语更重要。

至于“专业咨询的听”，则需受过专业训练。例如美国心理治疗师经过 3 000 个小时的学习才能拿到执照。这个倾听技巧能在对方不愿表达底层意见时，通过询问技巧使对方讲出来，并且解决问题。

## 拓展阅读

非暴力沟通模式是一种特定的沟通方式，其核心在于以同情心为基础，通过明确表达感受和诉求来促进彼此之间的理解与尊重。这种沟通方式由心理学家马歇尔·罗森伯格在 20 世纪 60 年代提出，强调理解、同情以及自我表达，帮助人们在紧张甚至冲突的情况下依然能够保持平和与理解。非暴力沟通模型如图 4-3 所示。

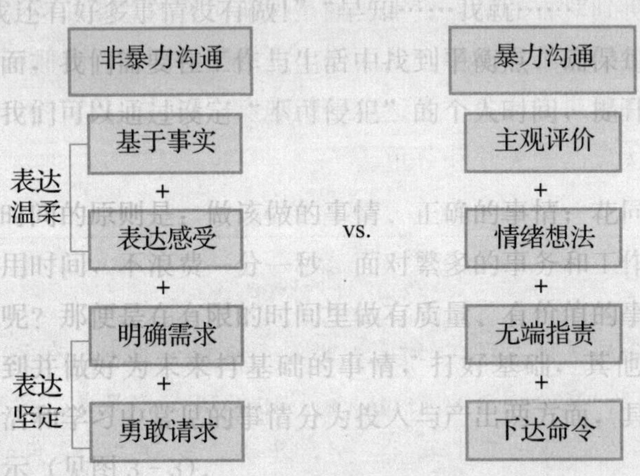


图 4-3 非暴力沟通模型

非暴力沟通的实施有四个基本步骤：观察、感受、需求和请求。这四个步骤不仅能够帮助人们清晰地表达自己的内心世界，而且能够引导人们去聆听他人的声音，从而实现双向的沟通与理解。

在观察阶段，需要客观地描述发生了什么，而不是基于个人判断或情绪进行评判。比如，可以说“在会议中，你在我发言时插入了你的观点”，而不是指责对方“你总是打断我，这很不尊重”。

接下来是表达自己的感受，比如“我感到有些沮丧，因为我想完整表达我的观点”。通过准确地表达感觉，能让对方意识到其行为对自己的影响。

然后要明确自己的需求，比如“我需要被尊重和聆听”。通过这种方式，向对方传达自己需求的核心，而不是将责任归咎于他人。

最后是提出具体的请求，以解决所面临的问题，比如“下次会议时，我希望能够先完成我的发言，之后再由大家发表意见”。这种清晰的请求有助于对方理解我们想要的解决方案，从而采取行动。

非暴力沟通的应用非常广泛，无论是在家庭、职场还是在社交场合，都能发挥重要作用。它可以帮助人们更好地理解彼此的感受与需求，避免指责、评判和攻击，进而减少冲突、增进交流的有效性。

## 启思导行

在职场中，有效的沟通是成功的关键。它不仅关乎信息的准确传递，更涉及人际关系的建立与维护、冲突解决、团队协作等多个方面。作为学生，提前审视并改善自己的沟通技巧，对于未来职业生涯的发展至关重要。本题目旨在通过自我反思和实战演练的方式，识别自身沟通中存在的问题，并制订实施改进计划。

（一）任务要求

1. 自我沟通审视

（1）记录沟通实例：回顾过去一个月内，至少三次在不同场合（如课堂讨论、团队合作、与老师/导师交流等）中的沟通经历。详细描述沟通的背景、目的、过程、结果及自己的感受。

（2）分析沟通效果：基于上述记录，使用 SWOT 分析（优势、劣势、机会、威胁）来评估每次沟通的效果。识别出哪些沟通策略有效促进了目标达成，哪些则导致了误解或效率低下。

（3）识别问题根源：深入思考导致沟通不畅或效果不佳的根本原因，如语言表达不清、情绪管理不当、倾听不足、缺乏非言语沟通技巧等。

2. 制订改进计划

根据自我审视的结果，制订一份具体的沟通技能提升计划。该计划应包含至少三项具体可行的改进措施，每项措施需明确目标、所需资源、实施步骤及预期完成时间。

例如，改进措施之一可以是“提高倾听能力”，目标设定为“在接下来的一个月内，通过主动反馈和总结确认，确保在每次对话中都能准确理解对方意图”，实施步骤可包括参加倾听技巧培训、日常交流中刻意练习等。

3. 实战演练与反馈（小组作业）

（1）组建小组：班级内随机或自愿组成 4～6 人的小组，每组需包含不同性格类型的学生，以促进多样化的沟通体验。

（2）模拟职场情境：选择一个典型的职场沟通场景（如项目汇报、客户谈判、团队冲突调解等），进行角色扮演。每个成员轮流扮演不同角色，确保每个人都有机会体验不同的沟通立场。

（3）实施沟通：按照事先准备的脚本或即兴发挥，进行模拟沟通。重点观察并实践之前制定的改进措施。

（4）反馈与讨论：沟通结束后，小组内进行相互反馈，指出彼此在沟通中的亮点与待改进之处。结合自我反思，进一步调整个人沟通策略。

（二）成果提交

个人需提交自我沟通审视报告及改进计划（电子版或手写版）。

小组需提交实战演练的视频记录（或详细文字记录）、小组反馈讨论摘要及每位成员的个人学习心得。

## 第二节 影响有效沟通的因素

沟通，是简单地与外界交换信息，更是一种能够精准传达意图、深入交流思想的综合能力。美国石油大亨洛克菲勒曾说：“假如人际沟通能力也是同糖或者咖啡一样的商品的话，我愿意付出比太阳底下任何东西都珍贵的价格来购买这种能力。”由此可见沟通能力有多重要！

如果一个人有着出色的沟通能力，不仅能够有效化解生活中的各种矛盾，形成良好的人际交往关系，还能够最大限度地运用自己的沟通能力结合工作经验和专业知识迅速给人留下深刻印象。

人际关系的质量通常是由沟通方式决定的，同样的内容，会因为语言包装形式和态度的不同而产生不同的效果。有的人沟通效果好，而有的人沟通效果却差一些，是什么原因影响了良性有效的沟通呢？

### 职场故事

李梅曾遇到过一位公认的难打交道却又很重要的客户，为了拿下这个客户，李梅经常加班到深夜，力求把工作做到无可挑剔。可客户一直不满意，合同也签不下来。一次电话沟通中，对方又开始挑方案中的毛病，李梅忍不住在电话里大声对客户说：“你的要求特别没道理，别以为甲方了不起，我不伺候了！”说完，她狠狠地摔掉电话，觉得过瘾。但很快过瘾就变成了绝望，她意识到自己把事情搞砸了。当天，领导把她叫到办公室问责，客户本人也把这件事当成段子一样讲给同行，导致很多老板都觉得她“本事不大，脾气不小”，不愿意找她谈业务。李梅的故事在业界传开后，她的职业前景似乎蒙上了一层阴影。原本以为只是一次情绪的宣泄，却没想到后果如此严重。李梅开始反思自己的行为，意识到在职场中保持专业态度和良好情绪的重要性。但同时，她也感到困惑和无奈，因为她觉得自己已经尽力去满足客户的需求，却始终得不到认可。

为了挽回局面，李梅决定主动出击，尝试修复与客户的关系。她写了一封诚恳的道歉信，并附上了一份更加完善的方案，希望能够重新赢得客户的信任。然而，信件如同石沉大海，没有任何回音。

这时，李梅心中涌起了更多的疑问：是不是自己在处理问题的方式上存在根本性的错误？为什么自己付出了这么多努力，却依然无法得到客户的认可？是不是这个行业的竞争太激烈，她已经不适合继续下去了？

**【思考】**

（1）你认为李梅无法得到客户认可的原因有哪些？

（2）在面对难以应对的客户时，我们应该如何有效地处理自己的情绪，同时保持专业和礼貌的态度呢？

## 一、解读情绪——情绪管理与沟通艺术

在人际交往的广阔舞台上，沟通是连接心灵的桥梁，而情绪则是这座桥梁上不可或缺的基石！情绪是我们内心感受和情感体验的一种表达形式，它可以通过语言、肢体动作和面部表情等来传递。不同的情绪会影响我们的语调和肢体动作，从而传递出不同的信息和情感色彩。

当我们处于愤怒和沮丧的情绪时，语调会变得尖锐或者十分低沉，面部表情则变得紧张或消沉。这种消极的情绪往往会给人际关系带来负面的影响。首先，消极情绪会破坏人与人之间的信任。当一个人处于消极情绪时往往会破坏掉彼此之间的信任，对他人产生怀疑和敌意，从而导致人际交往距离进一步拉大，造成交流障碍。其次，消极情绪会影响人的情绪传播效应。不良情绪的传播会引起一系列连锁反应，从而扩大消极情绪的范围，最终可能会导致整个群体的情绪恶化。

当我们处于喜悦、幸福、乐观等积极情绪时，通常对人际关系有积极的影响。首先，积极情绪能够拉近人与人之间的距离。当一个人处于积极情绪时，往往更愿意与他人进行沟通和交流，分享喜悦，向他人传递温暖和关爱，从而促进彼此之间更深层次的情感交流。其次，积极情绪的感染力具有强大的社会效应，它能够在团体中引发正向的情感循环，从而增进合作和团队凝聚力。

由此可见，不同的情绪会带来不同的沟通结果。良好的情绪能让沟通事半功倍，而不良的情绪则会在沟通中制造麻烦。

在一次心理实验中，研究人员准备了两间特殊的房间，房间的墙壁上安装了大量的镜子。在这两间房间里分别放入两只性格完全不同的猩猩，以观察它们的行为反应。

第一只猩猩性格十分温和友善。当它被带到装有镜子的房间时，看到镜面中多个反射的影像，误以为是其他友善的同类。它感到非常兴奋和开心，于是和“它们”奔跑嬉

戏。三天后，当实验结束，研究人员把它带出房间时，它还依依不舍。另一只猩猩性格暴躁且极具攻击性，当它进入另一间装有镜子的房间时，它看到的是无数个愤怒的面孔，它感到被威胁，于是不断地向镜中的“同伴”发起进攻，试图驱赶这些挑衅者，随着时间的推移，它变得越来越疲惫。三天后，当工作人员把它拖出这间屋子时，它因为气急败坏和心力交瘁而死亡了。

情绪是人们日常生活中不可或缺的一部分，它与我们的思维、行为以及沟通密切相关。它可以改变人们的语气、动作、表情等。在这个复杂多变的社会环境中，我们时常面临着各种矛盾和挑战。无论是与同学之间的合作问题还是与老师、家长之间的沟通障碍，都可能导致我们的情绪失控，甚至发怒。然而发怒解决不了任何问题，反而会损害我们的人际关系。因此，学会在生活中有效控制情绪，对每一个人都至关重要。

情绪在人际交往中扮演着重要的角色，它关乎我们与他人的关系质量，影响着我们的幸福感和成就感。个体差异、外部环境和他人情绪等因素会对情绪产生影响，积极的情绪表达和正确管理可以促进良好的人际关系。通过有效的情绪认知、情绪调节、情绪表达以及情绪支持等方法，我们可以更好地管理自己的情绪，提升人际交往的质量。在与他人的互动中，我们应该重视情绪的作用，积极培养健康的情绪态度，以建立和谐、稳定的人际关系。通过不断学习和实践情绪管理，我们不仅能够提升自我修养，还能在人生的各个领域收获更加美好的体验。

## 拓展阅读

1970 年 4 月 24 日，我国发射第一颗人造地球卫星“东方红一号”，成为世界上第五个能独立发射卫星的国家。目前，“长征”“神舟”“嫦娥”“天宫”争奇斗艳，2018 年中国航天发射数量 37 次，首次跃居世界第一。我国已成为世界级航天强国，其背后是无数航天人奉献的青春、倾注的热血。最美奋斗者、火箭心脏焊接人高凤林就是其中之一。

“当看到我们生产的火箭把一颗颗卫星发射升空，这种自豪感无可比拟。”发动机是火箭的心脏，高凤林是焊接这个“心脏”的中国第一人。他是航天特种熔融焊接工，被誉为“金手天焊”，长三甲系列运载火箭、长征五号运载火箭的第一颗心脏（氢氧发动机喷管）都在他手中诞生。40 年来，他先后为 90 多发火箭焊接过“心脏”，占我国火箭发射总数近四成；先后攻克了航天焊接 200 多项难关。

“老师傅说，要当一名好工人，必须上四个台阶，首先是干得好，还要明白为什么能干好，要能说出来，并且要能写出来。”老师傅的一席话，让高凤林下定决心：要做一名好工人！

从那以后，他不懈努力追求在航天操作岗位上的发展。为了练好基本功，他吃饭时习惯拿筷子比画着焊接送丝的动作；喝水时习惯端着盛满水的缸子练稳定性；

休息时举着铁块练耐力，更曾冒着高温观察铁水的流动规律……渐渐地，高凤林日益积攒的能量迸发了出来，一次又一次突破、攻克一道又一道难关。

20 世纪 90 年代，为长三甲系列运载火箭设计的新型大推力氢氧发动机，其大喷管的焊接一度成为研制瓶颈。火箭大喷管延伸段由 248 根壁厚只有 0.33 毫米的细方管组成，全部焊缝长达 900 米，焊枪多停留 0.1 秒就有可能把管子烧穿或者焊漏。

在首台大喷管的焊接中，高凤林连续奋战了一个多月，腰和手臂都麻木了，每天晚上回家都要用毛巾热敷才能减轻痛苦。凭借着高超的技艺，高凤林攻克了烧穿和焊漏两大难关，成功焊接出第一台大喷管。但随后的 X 光检测却显示，大喷管的焊缝有 200 多处裂纹，面临被判“死刑”的命运。

高凤林异常镇定，他从材料的性能、大喷管结构特点等展开分析，最终判断出：“裂纹是假的！”经过剖切试验，在 200 倍的显微镜下显示，所谓的“裂纹”，确实只是焊漏与方管壁的夹角所造成的假象。就此，第一台大喷管被成功送上试车台，这一新型大推力发动机的成功应用，使我国火箭的运载能力得到大幅提升，也让高凤林首次尝到了知识和技术结合的幸福感。

此后，在为长三甲系列火箭焊接第二台氢氧发动机的关键时刻，公司唯一的一台真空退火炉发生炉丝熔断，研制工作一时陷入停滞。要想恢复设备运转，必须有人从窄小的炉口缩着肩膀钻进去，将炉丝重新焊接在一起。那时正值盛夏，炉内氧气本就稀薄，焊接时还要输送氩气进行焊接保护，情况十分凶险。高凤林忍住长期加班导致的胃痛，主动要求钻炉抢险，三进三出，前后近两个小时，成功地焊好炉丝，真空炉恢复了运转。高凤林由此被业内誉为“金手天焊”。

高凤林在面对复杂多变的焊接任务时，能够保持冷静和耐心，不断追求技术的极致和完美。他的良好情绪控制能力，使他能够在高压环境下持续保持高效的工作状态，并不断推动技术创新。

## 活动与思考

### 情绪对对碰

#### 一、活动目标

认识情绪对沟通的影响，学习有效的沟通技巧。

#### 二、活动道具

情绪卡片、角色扮演道具（如服装、道具等）。

#### 三、活动步骤

（1）进行分组，每组 4～6 人。

（2）给每个小组分发一套情绪卡片，包括快乐、悲伤、愤怒、恐惧等。

(3) 每个小组选择一张情绪卡片，然后根据卡片上的情绪进行角色扮演。例如，如果小组选择了快乐情绪卡片，则可以设计一个快乐的场景，如庆祝生日。

(4) 在角色扮演过程中，小组中的其他成员需要尝试与扮演情绪的成员进行沟通。可以采用任何非言语的沟通方式。

(5) 其他小组成员观察角色扮演过程，并在结束后提供反馈。

**【思考】**

在角色扮演中，不同情绪是如何影响沟通方式和效果的？请举例说明每种情绪下，非言语沟通的信号（如表情、肢体动作等）有何不同，以及这些信号对信息传递和理解造成了哪些影响。

______________________________

______________________________

______________________________

在人际交往的复杂旅程中，情绪如影随形，时刻影响着我们沟通的成效与人际关系的质量。积极情绪是构建和谐关系的助力，消极情绪则可能成为阻碍交流的绊脚石。“情绪对对碰”这一活动，为我们提供了一个实践与探索情绪影响的契机。它通过角色扮演和互动，让学生在亲身体验中，切实感受到不同情绪下沟通的差异，从而领悟到有效管理情绪与掌握沟通技巧的重要性。

生活犹如一面镜子，你对它展现出何种情绪，它便回馈你相应的结果。希望大家都能从中学到经验，重视情绪在人际交往中的作用，通过学习和实践情绪管理，不断提升自我修养。在未来的人际交往中，以积极健康的情绪态度，去搭建沟通的桥梁，建立稳固和谐的人际关系，收获美好的人生体验。

## 职场故事

### 以心换心，巧解薪资困局

老张和老王是从事装修施工的“抹灰”工人，他们20多人在老板老贾的带领下为一家4S店做了三个月的装修。然而，三个月过去了，他们的工钱却迟迟没有拿到。经过多次与老板沟通未果后，他们决定以极端的方式维护自己的权益。调解员小李接到通知后立即赶到现场，耐心倾听他们的想法。在小李的沟通和引导下，这些工人激动的心情平复了下来，并表示愿意让小李来帮忙协调处置。

小李顺利地约见了贾老板，了解到业主方未按合同足额支付工程款导致他无法支付工资的情况。同时老贾对工人集体维权讨薪的过激行为感到愤怒。小李结合自己的经验，首先让贾老板明白他的违法事实，然后根据他的反应进行合理的引导和换位思考。

小李问道：“贾总，你没有拿到业主方的工程款，你着急吗?”贾总回答道：“当然急啦，李同志，你不知道我这个项目还有多少钱没付……”小李耐心聆听完后突然提高声音说道："贾总，你没拿到钱也有你的难处。想想看，工人没拿到钱他们能不着急吗？还有半个月就是春节了。也许他们的方式是过激了点，但他们付出了劳动就应该获得报酬。你没有拿到工程款也会对业主的不履约行为感到愤怒，工人没拿到工资难道就不能对你的不履约行为感到愤怒了吗？"老贾沉默了。

小李接着补充说道："这样吧，贾总，我有个建议，你先想办法筹集一部分资金对工人进行安抚，明天我们会联系业主方对你们之间的纠纷进行协商，你看可以吗？"经过一番考虑，老贾最终接受了小李的建议。后期协商也很顺利，工人的工资如约到位，同时在小李的努力下，老贾也拿到了被拖欠的工程款，老贾和工人们都对小李表示真诚的感谢。

**【思考】**

(1) 调解员小李采用了什么样的方法来平息工人和贾老板愤怒的情绪？

______________________________

______________________________

______________________________

(2) 在职场中，如何建立良好的沟通与合作关系，以避免此类问题的发生？

______________________________

______________________________

______________________________

## 二、解读见识——换位思考与包容心态

在现代社会，人与人之间的沟通变得日益复杂。每个人的家庭环境、成长过程、学习内容和生活经验都各不相同，这些差异一方面为交流带来了新鲜感，另一方面也可能导致互不理解。因此，要突破对他人的偏见，就需要沟通双方具备共情和换位思考的能力。

共情是指理解和感受他人情感的能力。通过共情，我们可以更好地理解对方的感受和立场，从而减少误解和冲突。这种理解不仅仅是智力上的认识，更重要的是情感上的共鸣和体验。罗杰斯将共情划分为三个关键要素：准确感知他人的内心世界、无条件地接纳以及情感共鸣。共情的力量在于，它能够拉近人与人之间的距离，让对方感受到被理解和被接纳，从而增强彼此之间的信任感。例如，当我们遇到一个来自不同文化背景的人时，如果我们能够设身处地地去理解他们的行为和言语背后的原因，就能更容易找到共同点，建立起良好的沟通关系。

换位思考则是指从对方的角度出发来考虑问题。在与他人交流时，我们往往只注重自己表达得清楚与否，而忽视了对方接受信息的角度和感受。然而，只有换位思考，才能真正理解对方的需求和情感，并以更合适的方式传递信息。这种设身处地的思考方式有助于我们更全面地了解问题的本质，避免片面地判断。它要求我们摆脱自身的立场和

偏见，以他人的视角来审视问题。换位思考在人际交往、职场环境以及社会互动中至关重要。它能够增进人际关系、提升沟通能力、培养同理心，并为解决各类问题提供新的视角和解决方案。对于每个人来说，都应该意识到换位思考的重要性，并将其融入日常生活和工作中。

共情和换位思考也是建立良好沟通的关键所在。当我们能够运用这些技巧去理解同事、领导和下属的想法和感受时，就能够更好地与他们沟通合作，共同推动工作的顺利进行。只有当我们真正理解了他人，才能更好地与他人相处和合作。

然而，要做到真正的共情和换位思考并非易事。我们需要克服自我中心主义，学会倾听他人的声音，培养同理心，用心去感受他人的情感。只有不断提升自己的认知水平，拓宽视野，才能更好地理解他人的世界。

换位思考和共情他人的喜怒哀乐，不仅有助于我们更好地理解对方的情感和需求，还能促进有效的沟通和协作，促进良好工作关系的建立，推动工作的顺利进行。同时，也能为我们自身的成长和发展提供有力的支持。我们应该时刻保持对他人的关注和理解，通过共情的方式和他人建立深入的联系。只有如此，我们才能够获得更多的喜悦和支持，也能够在未来的发展中变得更加成熟和成功。

## 拓展阅读

### 换位思考

战国时期，孔子及他的弟子经常到其他国家游学。一次，孔子到晋国游学。途中，天空乌云密布，大雨就要来临。于是，子路就去向附近的一户人家借伞。可是，这户人家生活贫困，根本用不起雨伞。子贡听说子路借不到伞，便自告奋勇地再次去借伞。他来到另外一户人家，可是这家主人看到是陌生人，语言又不通，只是一个劲儿地赶他走，子贡根本没有机会与他交流，只好失望而归。

正在大家一筹莫展之际，子路突然说："先生，子夏家就在附近，咱们到他家去借伞吧。"孔子一听，连忙摇摇头说："不要去！"子路着急地说："先生，我们连续去了两家，都借不到伞。子夏是你的弟子，肯定能借到。"

孔子捋着胡子，微微一笑，说："我们还是到另外一家去借吧。"说完，孔子带领子路他们，继续向下一户人家走去……事后，子路请教孔子，孔子感慨地说："子夏是个护财的人，如果看到是老师来借伞，就会勉强借给我，但他内心会很痛苦；如果他不借，别人就会说他吝啬，说他不尊敬师长。我不去借伞，既可以让他不痛苦，又可以保全他的名声，何乐而不为？"子路听后若有所思地点点头。

感悟：我们在与人相处时，往往只站在自己的角度上想问题。如果我们能站在别人的角度、立场思考问题，就会减少很多麻烦。与人沟通时，不能只按照自己的意愿，要充分了解他人，多做换位思考。

## 活动与思考

### 你说我剪

**一、活动目标**

(1) 体会沟通过程中单向与双向、封闭与开放、盲目与探索的区别。

(2) 通过游戏能够明确有效沟通的基础是双向沟通。

**二、活动形式**

拓展活动。

**三、活动道具**

16 开大小的彩纸若干张、剪刀若干把。

**四、活动步骤**

(1) 第一批参与者，每人向主持人领取彩纸一张、剪刀一把，背朝圆心面朝外围成一个圆圈坐好。

(2) 按照主持人指令：

- 把纸向上折、向下折，剪去一个等腰三角形。
- 向左折、向右折，剪去一个等腰三角形。
- 展开剪剩的纸，互相交流。

(3) 剪纸过程中不允许提问、不允许讨论，必须独立完成。

(4) 第二批参与者，每人向主持人领取彩纸一张、剪刀一把，面朝圆心背朝外围成一个圆圈坐好。

(5) 按照主持人指令：

- 将长方形纸横向拿好，由左向右折 1/3，再由右向左折 1/4，在左下角剪去一个腰长为 2cm 的等腰三角形。
- 将剪剩的纸上下对折，由左向右折 1/4，再由右向左折 1/3，在右下角剪去一个腰长为 1cm 的等腰三角形。
- 展开剪剩的纸，互相交流。

(6) 在剪纸过程允许提问和讨论。

**【思考】**

在两次剪纸过程中，沟通带来的结果有何明显不同？哪些细节体现了这种差异？对你有何启示？

________________________________________

________________________________________

________________________________________

在现代社会复杂的人际沟通情境中，共情与换位思考对于建立良好沟通、突破偏见具有重大意义。在日常人际交往以及职场协作等场景里，我们需要积极营造双向沟通的氛围。这不仅要求我们清晰表达自己的想法，更要学会倾听他人的反馈。只有这样才能实现有效沟通与良好协作，推动工作顺利开展，建立和谐的人际关系，助力个人成长与发展。

### 职场故事

在一家知名公司的招聘现场，面试官张女士正在对求职者小李进行面试。小李虽然简历优秀，但在之前的电话面试中表现不佳。

这次，张女士决定采用面对面沟通的方式，她微笑着向小李打招呼，用温和的语气询问他的基本情况和职业规划。小李感受到了张女士的亲切，逐渐放松下来，开始自信地回答提问。在交流的过程中，张女士不仅关注小李的回答内容，还注意观察他的肢体语言和面部表情。她发现小李在谈论自己擅长的领域时，眼睛会闪烁着光芒，手势也更加生动有力。这些细节让张女士对小李的能力有了更深入的了解。

随着面试的深入，小李的表现越来越出色。他清晰地阐述了自己的职业目标和期望薪资，同时也表达了对公司文化的认同和对未来工作的期待。张女士对小李的表现非常满意，她认为小李具备成为一名优秀员工的潜质。

最终，小李成功获得了这份工作。他感激地对张女士说："感谢您给我这个机会，让我能够面对面地展示自己。如果不是您的鼓励和引导，我可能无法克服紧张情绪，展现出真正的实力。"

**【思考】**

（1）你认为小李面试成功的原因有哪些？其中的关键因素是什么？

______________________________

______________________________

______________________________

（2）你认为面对面沟通与非面对面沟通（如电子邮件或电话沟通）相比，有哪些独特的优势？

______________________________

______________________________

______________________________

## 三、解读距离——构建有效的沟通桥梁

在这个信息大爆炸的时代，我们主要的沟通方式依赖于社交媒体、电子邮件等，但面对面沟通依旧具有无可比拟的价值。虽然互联网技术能够帮助我们迅速传递信息，但是面对面沟通在建立深厚人际关系、增强团队凝聚力方面发挥着不可替代的作用。

面对面沟通不仅仅是声音的传递，更是思想和精神的深度交流。我们可以通过对方的眼神、肢体动作、面部表情、语气的起伏等捕捉到言语以外的深层信息，而这些非言语线索往往能够更准确地反映一个人的真实感受。在面对面的环境之中，人们能够看到

彼此的眼睛、听到真实的声音、感受到真诚的心意，这种直接且真诚的交流能够有效减少猜疑和误解，迅速建立起信任的桥梁，是团队协作与项目成功的秘密武器。

面对面交流中的每一句话、每一个词都具有重要的意义，一个微笑、一次点头抑或是轻轻地皱眉都能够传递出对方的真实感受。在沟通的过程中，我们要学会观察和解读非言语信息，从而选择恰当的词汇和语气，使对方感受到尊重与重视，营造和谐的交流氛围。

通过有效的面对面交流，我们能够在短时间内高效地搜集信息，理解对方的需求，从而更加清晰地表达自己的观点，同时还能够在倾听中收获成长，为发现新的合作机会开辟道路。在解决复杂问题时，这种实时的反馈和及时的讨论能够激发人们的创新思维，发挥团队的力量，从而有效避免因延迟而造成的决策失误，使整个团队朝着共同的目标稳步前进。这种双向沟通能够有效促进个人和团队的长远发展，为个人职业生涯打下坚实基础。

在快节奏的现代生活中，我们不应忽视面对面交流的宝贵价值，它是我们通往美好人际关系和社会进步的桥梁。通过不断提高面对面沟通的技巧与方法，我们能够更好地理解他人、认识自我，更加从容地面对生活中的挑战，把握职场中的机遇。

## 拓展阅读

### 三明治效应

三明治效应（见图 4-4）由心理学家爱德华·L. 桑代克提出的，它来源于一个日常生活中的现象：在批评心理学中，把批评的内容夹在两个表扬之中，可以使受批评者愉快地接受批评。这种现象就如三明治，第一层总是认同、赏识、肯定、关爱对方的优点或积极面；中间这一层夹着建议、批评或不同观点；第三层则是鼓励、希望、信任、支持和帮助，使被建议者回味无穷，更好地体会这些建议。

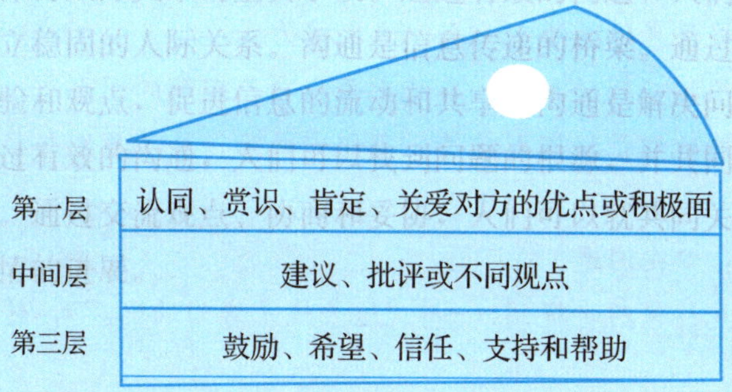


图 4-4　三明治效应

三明治效应的作用主要体现在以下几个方面：

（1）防卫心理作用：在批评之前，先说些亲切关怀和赞美之类的话，可以渲染友好的沟通氛围，并可以让对方平静下来进行交往对话，使受批评者乐于接近批评者。

（2）后顾之忧作用：三明治效应的最后一层是给予受批评者以鼓励、希望、信任、支持、帮助，使受批评者振作精神，不再陷于泥潭之中。

（3）重新振作精神作用：在沟通中赞美先行，给予受批评者认同和赞美，创建良好氛围，让对方能够乐于倾听意见、建议或者批评，而不是产生心理防御，拒绝倾听和接受。

（4）维持良好关系的作用：给予了对方尊重和期待，既维护了对方的尊严，也让对方相信自己可以变得更好。这种尊重和期待让对方愿意倾听各方意见，维护和谐关系，使批评不再逆耳。

心理学家詹姆士曾说过："人类本质中最殷切的要求是渴望被肯定。"评价就像一杯茶，有苦涩，也会有回味的清香与甘甜，学会掌握批评的方法与技巧，才能收获尊重与真诚。

## 活动与思考

### 传声绘形挑战赛

**一、活动目标**

培养沟通能力，感受面对面沟通的重要性。

**二、活动形式**

拓展活动。

**三、活动道具**

复杂图形卡片、纸、笔、计时器。

**四、活动步骤**

（1）第一轮：单向沟通。

- 将全班同学分成若干小组，每组5～6人，排成纵队。
- 只有每组第一个人可以看原始图片（10秒），之后需通过口头描述（不可用手比划或画图）将信息传递给下一人，依次接力。
- 最后一人根据听到的描述，在纸上画出自己理解的图形。
- 全程禁止其他组员提问或反馈。每组完成后，展示原图与最终画的图形，观察差异。

（2）第二轮：双向沟通。

规则调整：允许倾听者提问（如："这条线是弯曲的吗？"），传递者可以澄清。

**【思考】**

在信息传递接力赛中，信息传递常常出现偏差。回顾你们小组的情况，哪一轮比赛结果误差更大？是什么原因导致了信息传递不准确？如果允许肢体语言或画图辅助，结果会怎样？

## 启思导行

假设你需要向父母提出增加每月生活费的请求，但你知道父母一向比较节俭，可能会对此有所顾虑。请设计一段与父母沟通的对话，要求运用本节课所学的沟通技巧，如积极倾听、清晰表达、换位思考等，以提高沟通成功的可能性。

在完成情景模拟后，思考并回答以下问题：

（1）在模拟沟通中，你运用了哪些沟通技巧？这些技巧是如何帮助你更好地表达需求的？

（2）你认为在实际与父母沟通时，可能会遇到哪些挑战？你将如何应对这些挑战？

# 第三节　学习有效沟通的技巧

在这个充满挑战与机遇的时代，沟通不仅是我们日常生活中不可或缺的一部分，更是我们职业道路上的一把金钥匙。作为中职生，我们正站在人生的一个重要转折点上，即将步入社会，开启职业生涯的新篇章。在这个过程中，是否具有有效沟通的能力将成为我们成功与否的关键因素之一。

学习本节课，可以帮助我们掌握有效沟通的技巧，让我们在未来的学习、工作和生活中，能够更加自信、从容地与他人交流，建立良好的人际关系，实现个人价值的最大化。

沟通，不仅仅是说话那么简单。它是一门艺术，需要我们用心去倾听、去理解、去表达。在本节课中，我们将从有效沟通的基本原理出发，探讨有效沟通的关键要素，学习如何运用非言语沟通增强表达效果，掌握积极倾听的技巧，以及如何在不同情境下选择合适的沟通策略。更重要的是，我们将通过实践演练，在模拟的职场环境中，亲身体验有效沟通带来的积极影响，从而真正将理论知识转化为实践能力。

我们深知，每位同学都有自己的个性和特点，因此在教学中，我们将注重因材施教，鼓励他们根据自己的实际情况，制定个性化的学习计划，不断提升自己的沟通能力。同时，我们也希望同学们能够保持开放的心态，勇于尝试，敢于犯错，因为每一次的尝试和反思，都是成长道路上宝贵的财富。

最后，我们期待在这段学习旅程中，与同学们一起探索沟通的奥秘，共同见证彼此的成长与蜕变。愿大家在未来的日子里，能够用有效的沟通技巧，打开一扇扇通往成功的大门，书写属于自己的精彩篇章！

## 职场故事

### “明日之星”的沟通之光：小李与小张共绘动画辉煌

在一家名为“明日之星”的动画制作公司里，小李和小张是两名刚从中职学校毕业的新员工，被分配到了同一个项目团队中。他们负责的是一部即将上映的动画电影的部分场景制作。小李擅长角色设计，而小张则在背景绘制上颇有建树。

起初，两人都满怀热情，但很快他们就发现，由于沟通不畅，他们在工作交接时经常出现误解。小李设计的角色与小张绘制的背景在风格、色调和透视关系上经常出现不匹配的情况。这不仅影响了工作效率，还导致项目进度严重滞后。

在一次项目评审会上，导演对他们的作品提出了严厉的批评，并指出如果再不改进，整个项目都面临延期的风险。这时，小李和小张才意识到，他们必须坐下来，进行一场有效的沟通。

他们决定首先明确各自的工作职责和期望成果，然后分享各自的设计理念和工作流程。通过深入的交流，他们发现，其实他们在很多方面都有共同的目标和追求，只是由于沟通不畅，才造成了不必要的误解和冲突。

为了改进沟通，他们制定了一份详细的工作交接清单，明确了每个阶段的工作内容和交付标准。同时，他们还约定每周进行一次项目进度会议，及时分享工作进展和遇到的问题。

经过这次沟通，小李和小张的合作变得十分顺畅。他们不仅成功解决了之前的问题，还共同创造了一些令人惊艳的动画场景。最终，这部动画电影在上映后获得了观众和业界的一致好评。

**【思考】**

（1）为什么小李和小张在项目初期会出现沟通不畅的问题？

______________________________

______________________________

______________________________

（2）如果你也遇到了类似小李和小张的问题，你会采取哪些措施来改善沟通？

______________________________

______________________________

______________________________

## 一、什么是有效沟通

有效沟通是指信息的传递和理解在沟通双方之间顺畅进行的过程。

### （一）有效沟通的定义与特点

#### 1. 有效沟通的定义

有效沟通是指在信息传递过程中，信息能够准确、完整、及时地被接收者理解，并产生预期的反应或行动。它不仅仅是信息的传递，更是一种双向的、互动的、理解性的交流过程。

2. 有效沟通的特点

（1）准确性。信息是沟通的核心，有效沟通要求信息在传递过程中保持原意不变，避免误解和歧义。这要求发送者使用清晰、准确的语言，并考虑接收者的理解能力和背景知识。

（2）完整性。有效沟通要求信息在传递过程中不丢失重要细节，确保接收者能够全面了解信息的全部内容。这要求发送者提供完整的信息，并避免遗漏关键信息。

（3）及时性。信息在传递过程中应尽快到达接收者，以便接收者能够及时作出反应或决策。有效沟通要求发送者及时传递信息，避免延误和拖延。

（4）双向性。有效沟通不仅仅是发送者向接收者传递信息，还包括接收者向发送者反馈信息和意见。这种双向交流有助于建立信任和理解，促进沟通双方的合作和协调。

（5）理解性。有效沟通要求接收者能够准确理解发送者的意图和信息内容。这要求发送者使用易于理解的语言和表达方式，并考虑接收者的文化背景和认知差异。

（6）适应性。有效沟通要求沟通双方能够根据情境的变化灵活调整沟通方式和策略。这包括选择合适的沟通渠道、调整语速和语气、使用恰当的肢体语言等。

综上所述，有效沟通是一种高效、准确、完整的交流过程，它要求沟通双方具备清晰的表达能力、良好的倾听习惯和灵活的适应能力。通过有效沟通，人们可以更好地理解彼此的想法和需求，促进合作和协调，实现共同的目标。

## （二）有效沟通的关键要素

有效沟通的关键要素包括以下几个方面。

1. 明确的目的

沟通前应清楚自己为什么要进行这次沟通，想要达到什么效果。明确的目的有助于沟通双方聚焦主题，避免偏离方向。

2. 清晰的表达

信息的发出者需要确保自己传递的内容是清晰、明确的，不含糊其词。为了实现这一点，双方可以使用简单明了的语言，避免使用复杂或模棱两可的词汇。同时，适当的语气、表情和肢体语言也能增强表达的效果。

3. 注意倾听

倾听是沟通的基础，了解对方的观点和需求，才能更好地进行交流。有效的倾听不仅有助于理解对方的意图，还能表达对对方的尊重和关注。

4. 信息准确

传递的信息要真实、准确，避免误导对方。虚假或误导性的信息会破坏沟通的信任基础，导致沟通失败。

5. 双向互动

沟通是双方互动的过程，要给对方表达意见的机会，形成良性互动。通过双向互动，双方可以相互理解、相互支持，共同解决问题。

### 6. 尊重对方

尊重对方的观点和感受，避免使用侮辱性或贬低性的语言。尊重是建立良好沟通关系的前提，有助于促进沟通的顺利进行。

### 7. 适应对方

根据对方的性格、习惯和文化背景调整沟通方式。不同的人有不同的沟通风格和偏好，适应对方的沟通方式有助于增强沟通的效果。

### 8. 注意非言语沟通

肢体语言、面部表情等非言语信息也是沟通的重要组成部分。非言语信息与言语信息相互补充，共同构成完整的沟通内容。因此，在沟通过程中，双方需要注意自己的非言语表现，确保它们与言语信息保持一致。

### 9. 适时反馈

在沟通过程中，适时给予对方反馈，确认自己是否理解了对方的意思。反馈有助于纠正误解和偏差，确保双方对信息的理解一致。

### 10. 建立信任

诚信是沟通的基石，建立信任关系有助于提高沟通效果。通过诚实、公正和透明的态度来建立信任关系，有助于增强双方的合作意愿和信心。

### 11. 适当的沟通环境

选择一个适合沟通的环境，避免干扰和噪声，确保沟通顺畅。一个舒适、安静的环境有助于双方集中注意力，提高沟通效率。

综上所述，有效沟通的关键要素涉及多个方面，包括明确的目的、清晰的表达、注意倾听、信息准确、双向互动、尊重对方、适应对方、注意非言语沟通、适时反馈、建立信任和适当的沟通环境等。这些要素相互关联、相互支持，共同构成了有效沟通的完整框架。

## 活动与思考

### 有效沟通工作坊

**一、活动目标**

（1）理解有效沟通的定义：明确有效沟通在职业发展和日常生活中的重要性。

（2）掌握有效沟通的特点：通过实践活动，体验并理解有效沟通的特点，如双向性、准确性、及时性等。

（3）应用有效沟通的要素：学习并实践有效沟通的要素，提升个人沟通技巧，为未来的职业生涯打下坚实基础。

**二、活动流程**

（1）分组：分成若干小组，每组5～6人，以便进行后续的互动活动。

（2）活动说明：每组选择一个职场场景（如客户沟通、团队协作、面试等），进行角色扮演。

（3）实施步骤：小组内讨论并确定场景、角色和对话内容；分配角色，进行角色扮演；其他小组成员作为观众，观察并记录沟通中的优点和不足。

（4）反馈与讨论：角色扮演结束后，每组派代表分享体验，教师和其他小组进行点评，指出沟通中的有效和无效之处，并讨论如何改进。

**三、总结与反思**

（1）个人反思：撰写个人反思日志，回顾活动中的收获和不足，思考如何将有效沟通要素应用于日常生活和未来的职业生涯中。

（2）小组分享：每组派代表分享小组内的反思和讨论结果，教师进行总结和点评。

**【思考】**

（1）在角色扮演和沟通技巧练习中，你发现了哪些有效沟通的要素？

______________________________

______________________________

______________________________

（2）你认为自己在哪些方面做得比较好？哪些方面还需要改进？

______________________________

______________________________

______________________________

## 职场故事

李华是一名中职生，就读于某职业技术学校市场营销专业。在一次学校组织的校企合作项目中，他被分配到了一家本地知名企业晨光广告公司担任市场助理。李华的主要任务是协助市场部门进行新产品的市场调研和推广策划。

初到公司，李华面对陌生的工作环境和复杂的业务流程，显得有些手足无措。尤其是在与团队成员沟通时，由于经验不足，他常常无法准确表达自己的意见和需求，造成工作效率低下，甚至出现了几次误解。

然而，李华并没有因此而气馁。他意识到，要想在工作中取得进步，必须学会有效沟通。于是，他开始主动向同事请教，学习如何更好地表达自己的观点，同时也努力倾听他人的意见和反馈。

在一次市场调研中，李华负责收集和分析数据。他通过有效的沟通，与团队成员共同制订了详细的数据收集计划，并明确了各自的责任和分工。在数据收集过程中，他积极与受访者沟通，确保数据的准确性和完整性。同时，他还及时将收集到的数据反馈给团队成员，共同分析市场趋势和消费者需求。

最终，在团队的共同努力下，他们成功完成了市场调研项目，为公司的新产品推广提供了有力的数据支持。李华的表现也得到了领导和同事的认可，他逐渐成为团队中不可或缺的一员。

**【思考】**

（1）李华在初到公司时遇到了哪些沟通障碍？他是如何克服这些沟通障碍的呢？

______________________________

______________________________

______________________________

（2）在你的学习或工作中，有没有遇到过类似的沟通问题？你是如何解决的？

______________________________

______________________________

______________________________

## 二、有效沟通技巧

一个完整的沟通过程包括发送、接收、反馈三个环节，如图 4-5 所示。在发送、接收和反馈过程中，我们需要注意的问题是：怎样才能达到最好的沟通效果即有效沟通呢？

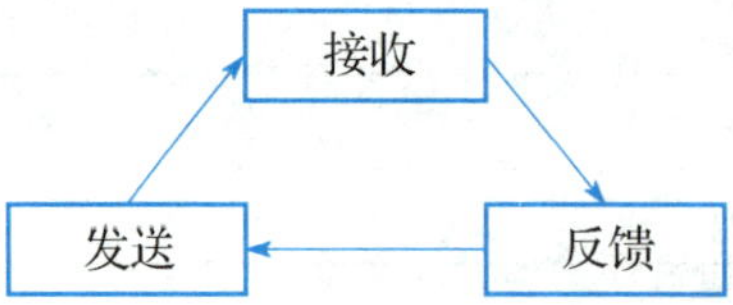


**图 4-5　沟通的过程**

### （一）有效发送信息的技巧

在沟通中，发送的不仅仅是信息，还有思想和情感。因此，在发送信息的时候，要注意以下几个问题。

1. 选择有效的信息发送方式

例如，你将一份报告传给你的同事或者上级，这更多的是一种信息的沟通；你因为客户公司的周年庆典而前去道贺，这更重要的是为了增加你和客户之间的感情和信任，这个时候，信息是次要的，而感情才是主要的。所以说，首先我们要考虑沟通的内容是以信息为主还是以思想和情感为主，并据此选择合适的信息发送方法。

2. 何时发送信息

例如何时约见客户、何时发出致谢函等，都是有讲究的，这一点非常重要，也在日益引起人们的重视。

3. 确定信息内容

发送信息内容有两种方式：一是语言；二是肢体语言。例如，我们每天都能听到很多口号：“欢迎光临”。这是否让你真正感受到欢迎光临呢？通常情况下，我们感受到的仅仅是这四个汉字带来的信息，而没有感受到说这四个字的人通过肢体语言所传递的思想和情感。所以说，在选择具体内容的时候，我们一定要确定要说哪些话，用什么样的语气、什么样的动作去表达，这在沟通中非常重要。

**做一做**

假设老师叫你去办公室沟通主题班会的相关事宜，请你根据自身情况填写表4-1。

**表4-1 是否明确信息自检表**

| 明确信息内容 | | 是/否 |
|---|---|---|
| 肢体语言 | 老师呼叫后，是否立即精神抖擞地回应 | |
| | 是否携带笔记本和笔至老师办公室 | |
| | 是否详细记下老师的谈话内容 | |
| | 是否耐心地听老师把话说完 | |
| 语言 | 不清楚的地方是否向老师说明 | |
| | 是否就自己的能力、完成期限、要求的难易进行检讨 | |

4. 谁该接收信息

你需要注意以下问题：

(1) 谁是你信息的接收对象。

(2) 先获得接收者的注意。

(3) 接收者的观念。

(4) 接收者的需要。

(5) 接收者的情绪。

5. 何处发送信息

发送信息时，地点的选择同样至关重要。不同场合下发送的信息会产生不同的效果。

**做一做**

假设小王同学关于数学函数有一个知识点还没有理解透彻，他想向老师请教，那么在不同场合下向老师请教问题会有什么不同效果呢？思考并填写表4-2。

**表4-2 不同的场合下发送信息的效果**

| 场合 | 效果 |
|---|---|
| 教室 | |
| 实训室 | |
| 办公室 | |
| 食堂 | |
| …… | |

## 做一做

发送信息时要注意 How、When、What、Who、Where 等问题。针对你将要进行的沟通，对这几个问题的具体内容加以确认，填写在表 4-3 内。

表 4-3　有效发送信息的自我检查

| 需要注意的问题 | 要点 | 具体内容确认 |
| --- | --- | --- |
| How | 电话<br>面谈<br>会议<br>信函<br>备忘录 | |
| When | 时间是否恰当<br>情绪是否稳定 | |
| What | 简洁<br>强调要点<br>熟悉的语言 | |
| Who | 谁是你信息的接收对象<br>先获得接收者的注意<br>接收者的观念<br>接收者的需要<br>接收者的情绪 | |
| Where | 地点是否合适<br>环境是否不被干扰 | |

### （二）关键的沟通技巧——积极倾听

#### 1. 聆听的定义

下面我们看看“听”字的繁体写法——聽：

（1）一个“耳”字，要用耳朵听。

（2）一个“心”字：一心一意，很专心地去听。

（3）“四”代表眼睛：要看着对方。

（4）“耳”下方还有个“王”字：要把说话的人当成王者对待。

因此，聆听不仅是耳朵听到相应的声音的过程，而且是一种情感活动，需要通过面部表情、肢体语言和话语的回应，向对方传递一种信息：我很想听你说话，我尊重和关怀你。

## 做一做

### 非言语交际能力测试

请根据自己的实际情况，给表 4-4 中的每一项描述打分：1—从不；2—有时；3—通常如此；4—总是如此。

表 4-4　测试自己的非言语交际能力

| 描述 | 得分 |
| --- | --- |
| 我在听人说话的时候保持不动，不摇晃身体，不摆动自己的脚，或者表现出不安 | |
| 我直视对方 | |
| 我关心的是讲话者在说什么，而不是担心我如何看待这个问题或者自己的感受如何 | |
| 欣赏时我很容易笑 | |
| 当我听时，我能完全控制自己的身体 | |
| 我以点头鼓励讲话者 | |
| 总分 | |

说明：

得分大于 15 分——你的非言语技巧非常好。

得分 10～14 分——你处于中间范围，应该有一定的改进。

得分低于 10 分——请认真学习聆听技巧。

#### 2. 倾听的原则

在聆听过程中，我们需要注意以下原则：

（1）适应讲话者的风格。每个人发送信息的时候，他的语速和音量是不一样的，你要尽可能地去适应他的风格，尽可能地去接收更多、更全面的信息。

（2）眼耳并用。耳朵聆听的是一些信息，而眼睛看到的却是传达给你的丰富的情感和思想。

（3）首先寻求他人理解，然后再被他人理解。有些人容易犯的错误是，还没有等对方把话说完就根据自己的理解打断对方。这是非常不礼貌的，容易引起对方的反感。

（4）鼓励他人表达自己。保持目光交流，并且适当地点头示意，表示认同和鼓励，表现出聆听的兴趣。

#### 3. 有效聆听四步骤

（1）准备聆听。

（2）发出聆听的信息。通常在聆听之前会和讲话者有一个眼神上的交流。

（3）在沟通过程中采取积极的行动。比如频繁点头，鼓励对方去说。也可以身体略微地向前倾斜而不是后仰，这种姿势表示：我愿意去听，也努力在听。同时对方也会发送更多的信息给你。

（4）准备理解对方全部的信息。在沟通中你没有听清楚或者没有理解时，一定要及时告诉对方，请对方重复或者解释。这一点是我们在沟通过程中经常忽略的。所以沟通时，如果发生这样的情况，我们应该及时告知对方。

#### 4. 有效反馈技巧

反馈有两种：一种是正面的反馈，另一种称作建设性的反馈。

正面的反馈就是对对方做得好的事情予以表扬，希望好的行为再次出现。建设性的反馈就是在对方做得不足的地方，给他提出改进的意见。

请注意，建设性反馈是一种建议，而不是批评，这是非常重要的。

在反馈的过程中，我们一定要注意以下情况不是反馈：

第一，指出对方做得正确或者错误的地方。这仅仅是一种主观认识，反馈应是你的表扬或者建议，是为了使他做得更好。

第二，对于他的言行的解释，并不是反馈。这是对聆听内容的复述。

第三，对于将来的建议。反馈是着眼于目前或者近期的，而不是将来。

### 做一做

针对以往沟通中的信息反馈情况，检查你是否做到了表 4－5 中所列的要点，如果没有做到，请制订改进计划。

表 4－5　检查信息反馈情况

| 检查要点 | 结果 | 改进计划 |
| --- | --- | --- |
| 反馈是否明确、具体地提供实例 | | |
| 反馈是否具有平衡、积极、正面与建设性 | | |
| 是否在正确的时间给予反馈 | | |
| 反馈是否集中于可以改变的行为 | | |
| 反馈是否具有判断性 | | |

### 拓展阅读

中华优秀传统文化有很多重要元素，比如，天下为公、天下大同的社会理想，民为邦本、为政以德的治理思想，九州共贯、多元一体的大一统传统，修齐治平、兴亡有责的家国情怀，厚德载物、明德弘道的精神追求，富民厚生、义利兼顾的经济伦理，天人合一、万物并育的生态理念，实事求是、知行合一的哲学思想，执两用中、守中致和的思维方法，讲信修睦、亲仁善邻的交往之道等，共同塑造出中华文明的突出特性。

——2023 年 6 月 2 日，习近平总书记在文化传承发展座谈会上的讲话

## 活动与思考

### “职达心声，沟通无限”

**一、活动目标**

（1）了解有效沟通的重要性和基本技巧。

（2）通过实践活动，提升在日常交流、团队协作等场景中的沟通能力。

（3）反思自己的沟通方式，培养良好的沟通习惯。

**二、活动准备**

（1）提前制作相关的PPT，内容涵盖有效沟通的理论知识、案例分析等。

（2）准备模拟场景的道具，如工作牌、简易办公用品等。

（3）准备便笺纸、笔、小奖品（如笔记本、中性笔等）若干。

**三、活动内容**

活动一：案例分析

（1）展示一些中职生在校园生活（如小组作业讨论、社团组织活动）和未来职场可能面临的场景（如面试、工作汇报），让学生分组讨论场景中的沟通。

（2）每个小组分析案例中沟通的成功之处和存在的问题，并提出改进建议。

（3）各小组选派代表发言，分享讨论结果。

活动二：模拟演练

（1）设置不同的模拟场景，如职场面试、团队项目讨论、与老师沟通学习问题等，让学生分组进行角色扮演。

（2）在演练过程中，要求学生运用所学的有效沟通技巧进行交流。其他小组成员认真观察，并记录下演练过程中的沟通亮点和问题。

（3）模拟演练结束后，进行小组互评和自评。

**四、总结与分享**

邀请学生分享自己在本次活动中的收获和体会，以及在今后的沟通中打算如何改进自己的沟通方式。

**五、活动奖励**

评选出若干名“沟通之星”。

**【思考】**

（1）在与同学合作完成任务时，如果出现意见分歧，你会如何运用所学的沟通技巧来解决？

（2）当你在面试中，面对面试官的提问时，你觉得怎样的沟通方式能让你脱颖而出？

## 职场故事

### 化解宿舍矛盾

在某职业学校的男生宿舍403室，住着四位性格迥异的中职生：李浩（外向开朗）、张伟（内向沉稳）、赵雷（活泼好动）和刘强（细心敏感）。由于生活习惯和性格差异，四位室友在日常相处中逐渐产生了一些小摩擦。

一天晚上，宿舍里弥漫着紧张的气氛。原来，赵雷晚上喜欢听音乐，而且声音开得较大，影响了准备休息的张伟和刘强。张伟性格内向，虽然不满，但一直没有说出来；刘强则比较细心敏感，觉得赵雷的行为有些不尊重他人，便忍不住出言指责，结果两人因此发生了争执。李浩见状，意识到宿舍的和谐氛围正面临挑战。他决定运用自己在课堂上所学的有效沟通技巧来化解这场矛盾。首先，李浩让大家都冷静下来，坐到一起，营造一个平和的交流环境。他耐心地听取了每个人的想法和感受，确保每个人都有机会表达自己的观点。张伟说："我其实很反感晚上吵闹，但我一直不好意思说出来。"刘强则表达了自己的委屈："我只是希望赵雷能尊重我们的休息时间，毕竟大家都需要休息。"赵雷也认识到了自己的问题："我确实没注意到自己的行为影响了大家，以后我会注意的。"在了解了每个人的想法后，李浩开始引导大家寻找解决方案。他建议赵雷晚上听音乐时使用耳机，并设定一个合理的休息时间；同时，他也鼓励张伟和刘强在遇到问题时及时沟通，避免积压情绪。最终，四位室友达成了一致意见，并约定以后在相处中更加尊重和理解彼此。他们握手言和，宿舍里再次充满了和谐与温暖。

**【思考】**

（1）李浩是如何化解宿舍矛盾的？

（2）结合案例，探讨如何在日常生活中运用有效沟通来处理人际关系中的矛盾与冲突。

## 三、有效沟通的步骤——“六步法”

### （一）事先准备

在学习与工作中，我们需要提前准备这样一些内容：

1. 设立沟通的目标

这非常重要，我们在与别人沟通之前，心里一定要有一个目标，明确自己希望通过沟通达到什么目的。毫无目的的交流是聊天，不是沟通。

2. 制订计划

有了目标就要有计划，确定先说什么，后说什么。如果情况允许，列一个表格，把要达到的目的、沟通的主题、方式、时间、地点、对象等列举出来。机会总是留给那些有准备的头脑。

3. 预测可能遇到的争端和异议

首先要有充分的心理准备，其次还要根据具体情况对其可能性进行详细的预测。

4. 对情况进行 SWOT 分析

运用著名的 SWOT 分析图进行分析，如图 4－6 所示，明确双方的优势和劣势，设立一个合理的且大家都能接受的目标。

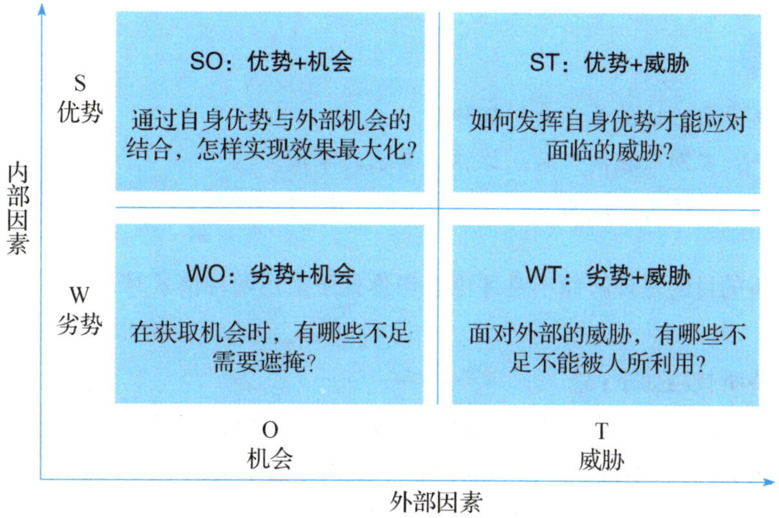


图 4－6 SWOT 分析图

在事先准备过程中，需要注意的一点就是确定沟通的目标。双方都有一个目标时，才容易通过沟通达成一个协议，因此，在与别人沟通面谈时，首先要说：“我这次与你沟通的目的是……”

### （二）确认需求

1. 确认需求的三步骤

确认需求的三步骤是积极聆听、有效提问、及时确认。

（1）积极倾听。要用心用脑去听，要设身处地地去听，目的是了解对方的意图。

（2）有效提问。通过提问更明确地了解对方的需求和目的。

（3）及时确认。当你没听清楚，或者没有理解时，要及时沟通，一定要完全理解对方所要表达的意思，做到有效沟通。

我们在沟通过程中，首先要确认对方的需求是什么。如果不明白这一点，就无法最终达成共同的协议。想了解对方的需求，就必须通过提问来达到。沟通过程中有三种行为：说、听、问。其中，提问是非常重要的行为，可以控制我们沟通的方向，控制谈话的方向。

### 2. 两种类型问题的优劣比较

要掌握提问的技巧，必须明确地区分问题的两种类型，即开放式问题和封闭式问题。

**说一说**

你认为开放式问题和封闭式问题的区别是什么？请举例说明。

封闭式问题的优点是可以节省时间、控制谈话的气氛；缺点是不利于收集信息。

开放式问题的优点是收集信息全面、谈话气氛轻松；缺点是浪费时间，容易偏离主题。

### 3. 积极聆听技巧

**说一说**

请判断下面的情景是不是积极聆听：

情景一：当别人在讲话时，你在想自己的事情。

情景二：一边听一边与自己的观点对比，进行评论。

我们聆听的目的是理解而不是评论。当你处于上述两种情景时，就不可能听到准确的信息。

积极的聆听技巧如下：

（1）倾听回应。当你在听别人说话的时候，一定要有一些回应的动作。如："好，我也是这样认为的""不错!"。在听的过程中适当地点头或者有其他的一些表示你理解的肢体语言，也是一种积极的聆听，也会给对方非常好的鼓励。

（2）提示问题。就是当你没有听清楚的时候，要及时提问。

（3）重复内容。就是在听完一段话的时候，要简单地重复一下内容。其实这不是简单地重复，而是表示你认真听了，还可以向对方确认你所接收到的信息是否准确。

（4）归纳总结。在听的过程中，要善于将对方的话进行归纳总结，更好地理解对方的意图。

（5）表达感受。要及时地给对方以回应，表达感受，比如说："非常好，我也是这样认为的。"这是一个非常重要的聆听技巧。

### （三）阐述观点

在表达观点的时候，有一个非常重要的原则——FAB 原则（见图 4－7）。F 就是 Feature，即属性；A 就是 Advantage，即优势；B 就是 Benefit，即利益。

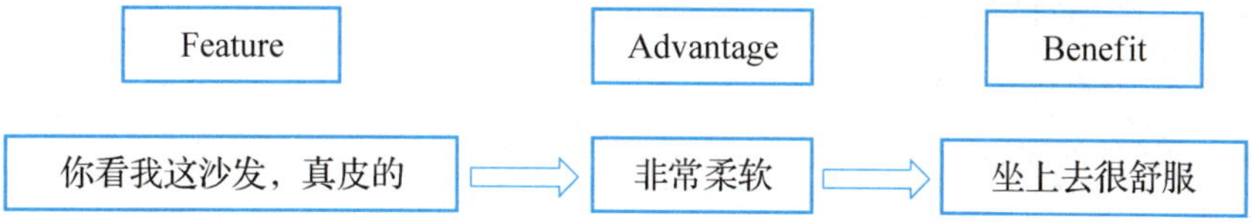


图 4－7　FAB 原则

在阐述观点的时候，按照这样的顺序来说，对方更容易懂，也更容易接受。

**做一做**

利用 FAB 原则，向客户介绍你公司的产品，并填写表 4－6。

表 4－6　利用 FAB 原则介绍产品

| Feature（属性） | Advantage（优势） | Benefit（利益） | 最终效果 |
| --- | --- | --- | --- |
| | | | |

### （四）处理异议

在沟通中遇到异议时，可以采取一种借力打力的方法。这种方法不是要强行说服对方，而是用对方的观点去说服对方。

在沟通中遇到异议时，首先要了解对方的某些观点，然后找出其中对你有利的一点，再顺着这个观点发挥，最终说服对方。

例如，在保险业，客户说："我收入少，没有钱买保险。"业务员却说："正因为收入少才需要买保险啊，以便从中获得更多的保障。"

例如，服装业客户说："我这身材穿什么都不好看。"销售人员说："就是因为这样，你才需要有设计感的服饰来修饰你身材不好的地方。"

**做一做**

面对客户的拒绝借口，你该如何应对？请填写表 4－7。

表 4－7　应对客户拒绝借口的方法

| 客户的拒绝借口 | 你的应对方式 |
| --- | --- |
| 我要考虑考虑 | |
| 我们的预算已经用完了 | |
| 我要和老板商量 | |

续表

| 客户的拒绝借口 | 你的应对方式 |
| --- | --- |
| 现在生意不景气 | |
| 你的价格太高了 | |
| 我不在意品质 | |
| 我还要和别家比较一下 | |

### （五）达成协议

是否完成了沟通，取决于最后是否达成了协议。

在达成协议的时候，要做到感谢、赞美和庆祝。

（1）要对别人的支持表示感谢。

（2）愿与合作伙伴、同事分享成功。

（3）积极转达外部的反馈意见。

（4）对合作者的杰出工作给予回报。

### （六）共同实施

在实际工作中，任何沟通的结果仅仅意味着一个工作的开始，而不是结束。

## 做一做

检查沟通过程是否按照计划进行，并填写表 4 8。

**表 4-8　沟通计划表**

| | | |
| --- | --- | --- |
| 沟通的目的 | | |
| 参与沟通者 | | |
| 地点 | | |
| 开场白重点 | | |
| 沟通进行的项目及自己表达的重点 | 项目 1 | |
| | 项目 2 | |
| | 项目 3 | |
| 结果 | 达成共识的点 | |
| | 实施 | |
| | 差异点 | |
| 本次沟通重点 | | |
| 下次沟通重点 | | |

## 拓展阅读

### 有效沟通实践——“六步法”助力成功

在一个阳光明媚的早晨，某中职学校电子商务专业教室里，四位中职生——赵阳（项目经理）、李欣（市场分析）、王浩（网页设计）和张悦（客户服务）正围坐在一张大桌子旁，准备启动一项名为“校园二手书交易平台”的创业项目。为了确保项目的顺利进行，他们决定采用有效沟通的“六步法”来指导整个团队合作过程。

赵阳作为项目经理，首先组织了一次团队会议，明确了项目的目标、时间表和各自的角色职责。他提前收集了关于二手书市场的相关资料，包括竞争对手分析、目标客户群体以及潜在的市场需求。同时，他还制订了详细的沟通计划，确保团队成员之间能够保持高效的信息交流。

在会议中，赵阳引导团队成员一起讨论并确认了项目的核心需求。他们一致认为，平台需要具备友好的界面设计、精准的书籍搜索功能、安全的交易保障以及高效的客户服务。为了确保这些需求能够准确反映客户的期望，赵阳提议进行一次小范围的校园调研，收集潜在用户的反馈。

在接下来的讨论中，每位团队成员都积极阐述了自己的观点和创意。李欣分享了市场调研的结果，指出学生对价格敏感且偏好便捷的支付方式；王浩则展示了他的网页设计初稿，强调了用户体验的重要性；张悦则提出了建立在线客服系统的建议，以提高客户满意度。赵阳则负责整合这些观点，形成项目的初步方案。

在讨论过程中，团队成员也遇到了一些分歧。例如，王浩认为应该优先开发移动应用以提高用户黏性，而李欣则担心这会增加开发成本和时间。面对异议，赵阳鼓励团队成员进行深入的讨论，并邀请了一位外部专家进行技术评估。最终，团队决定先开发网页版平台，同时预留移动应用的接口，以便未来扩展。

经过充分的讨论和评估，团队成员最终达成了一致意见，制订了详细的项目实施计划。他们明确了每个阶段的任务、时间节点和责任人，并建立了定期汇报和沟通机制，以确保项目能够按计划进行。

在项目实施阶段，团队成员紧密合作，共同克服了一个又一个挑战。赵阳作为项目经理，定期召开进度会议，协调资源，解决突发问题。李欣负责持续跟踪市场动态，调整营销策略；王浩负责不断优化网页设计，提升用户体验；张悦则建立了客户服务体系，确保用户的问题能够得到及时解决。

经过几个月的努力，校园二手书交易平台终于成功上线，并受到了广大师生的热烈欢迎。团队成员深刻体会到了有效沟通的重要性，他们相信，在未来的学习和工作中，“六步法”将继续成为他们解决问题的有力工具。

通过这次项目合作，四位中职生不仅学到了专业知识，更重要的是学会了如何在团队中有效沟通，共同解决问题。他们明白，有效的沟通是团队合作的基石，只有充分理解彼此的需求和观点，才能达成共识，共同迈向成功。

## 活动与思考

### 沟通无限，中职生的交流之旅

**一、活动目标**

（1）通过实战演练，深入理解并掌握有效沟通的“六步法”。

（2）提升在团队合作中的沟通能力，增强团队协作意识。

（3）反思沟通过程中的得失，促进个人成长。

**二、活动准备**

PPT、小奖品。

**三、活动形式**

小组讨论、角色扮演。

**四、活动步骤**

（1）具体沟通过程。

分组：全班分为六个小组，每组选择一个不与其他组重复的内容并按照要求完成任务。

事先准备：各团队确定一个模拟项目，如“设计一款适合中职生的学习软件”，并制订沟通计划。

确认需求：团队内部模拟客户，提出具体需求，并练习如何有效确认需求。

阐述观点：团队成员分别阐述对项目设计的想法，进行头脑风暴。

处理异议：模拟出现分歧的情况，练习如何倾听、理解和处理异议。

达成协议：整合观点，达成共识，制订最终的设计方案和实施计划。

共同实施（模拟）：团队内部模拟实施过程，分配任务，准备展示材料。

（2）成果展示与反馈。

各小组轮流上台展示设计方案、沟通过程和团队协作经验；其他团队提供反馈和建议；颁发“最佳沟通团队”“最具创意方案”等奖项。

**【思考】**

（1）通过本次活动，你最大的收获是什么？

______________________________

______________________________

______________________________

（2）你打算如何将“六步法”应用到未来的学习和生活中？

______________________________

______________________________

______________________________

## 启思导行

每 4 人为一组，设定一个职场情境，如客户投诉处理、团队合作讨论或项目提案汇报。每个小组需要做以下工作：

（1）确定角色（如团队成员、客户、领导等）。

（2）准备脚本，脚本中体现有效沟通的策略，如清晰表达、积极倾听、适当反馈等。

（3）进行角色扮演，模拟实际沟通场景。

（4）其他小组作为观众，观察并记录沟通中的亮点与待改进之处，并填写表 4－9。

表 4－9　“学习有效沟通的技巧”记录表

| 小组名 | 沟通中的亮点 | 待改进之处 |
| --- | --- | --- |
| 小组一 | | |
| 小组二 | | |
| 小组三 | | |
| 小组四 | | |

# 第五章 团队合作

进入职业学校后，作为准职场新人，能够快速融入新的环境和新的班级，在团队中找到自己的位置和角色，是我们融入社会做人做事的基础能力。在新的班级和宿舍，怎样与性格特点、生活习惯不同的同学相处，怎样共同完成一项任务，怎样明确自我的角色和位置等，都是我们需要面对的问题。要成为一个受同学欢迎的人，成为一个受同事信任的人，就需要我们对所处团队有相关的认知并采取相应的行动，了解和学习团队精神，积极主动地参与校内各项活动，逐步找准自己的定位，充分发挥自己的潜力，逐步增强自己的团队感与合群性，在行动中逐步成长，找到与团队成员合作共赢的方法。团队合作的关键在于“合”，这种高度契合需要明确的团队目标和准确的角色定位，需要每个团队成员在不同的岗位上做好自己。

本章旨在让学生了解每个人都会身处不同的团队，在团队中认清自己的角色，尽力扮演好自己的角色，以让自己与团队达到“合”的状态。本章通过多个案例与活动，引导学生理解团队与群体的区分，厘清个人与团队的关系；了解融入团队的方法与要求，在团队中准确定位自我，体验与他人合作的注意事项，从而建立起团队意识与合作能力，为今后走上工作岗位并建立优秀团队奠定基础。

# 第一节　团队的认知与理解

有这样一句谚语："如果你想走得快，就一个人走。如果你想走得远，就和大家一起走。"人类自诞生以来就处在密切的合作中，合作能将生命体提升为更高层次的组织。有科学家发现，在群体实验过程中，人们的第一反应是合作，也就是说，合作是一种最基本的人类本能。在原始社会，人类通过合作走上了食物链顶端；在现代社会，人类通过合作实现了经济全球化。具体到个人，无论是学习还是工作，我们都要学会融入团队生活中，找准自我的定位，实现自我与团队的共同成长。

## 职场故事

### 团结的奇妙力量

有一个研发团队，它由5名成员组成，每名成员承担不同的职能：产品经理、程序员、用户体验设计师、QA工程师、UI设计师。他们正在开发一个新的应用产品，打算在三个月完成任务。但是他们互相沟通不太顺畅，彼此之间不了解对方是如何工作的、具体在做什么。由于缺乏沟通和了解，这个团队最后没有完成任务。于是，领导带他们去参加"跨职能团队合作"的培训，让他们了解到跨职能团队合作的重要性，认识每位成员主要承担的职能内容及彼此重合的部分，并思考自己在工作中对应的任务。经过培训，他们学习到了如何有效地沟通，协作解决问题，以及建立一个良好的团队。此后，他们开始进行真正的合作。经过不断的沟通、调查和协调来确定每个成员的职责和贡献，确保最终的产品满足客户需求。最后，他们取得了巨大成功。

**【思考】**

(1) 为什么这个研发团队在培训前和培训后的表现有如此大的差异？

______________________________

______________________________

______________________________

(2) 如果你是其中的一员，你觉得你从中可以学到些什么？

______________________________

______________________________

______________________________

## 一、认识团队合作

合作是指个人与个人、群体与群体之间为达到共同目的、彼此相互配合的一种行动方式。合作得以实现的核心是成员之间相互配合与协作，团队则是在合作基础上形成的一个高效能组织。具体而言，团队是指由具有互补技能、愿意为了共同目标而相互信任、相互承担责任的人所组成的群体。

团队是一个有生命力的团体，它不同于群体。群体是指一群人聚集在一起，他们彼此之间联系松散，目标涣散，一旦内部有分歧就可能走向溃散。而团队中的成员，相互信任、相互支持，他们公开表达自己的感受，实行信息自由共享，一旦内部有矛盾，成员之间会在共同目标之下努力解决分歧。

团队合作强调集体智慧和集体力量的重要性，它要求成员超越个人利益，以团队的整体利益为重。通过团队合作，成员之间可以相互学习、相互支持，共同面对挑战和解决问题。这种协作方式不仅能够提高工作效率和质量，还能够增强团队的凝聚力和向心力，促进成员之间的友谊和信任。

在团队合作中，有效的沟通和协调是至关重要的。成员需要保持信息的透明和开放，及时分享想法、意见和建议，以确保信息的准确传递和理解。此外，成员还需要学会倾听和尊重他人的观点，以建立和谐、积极的团队氛围。

我们每个人都身处团队之中，我们的行为举止代表着我们的家庭教养、班级的管理水平和氛围、宿舍的和谐程度……不管我们愿不愿意，我们都已经置身在不同的团队中。自我们到学校报到的那天，团队就已经形成。只有班级的每一个人都做好自己该做的事情，尽到自己的本分，才能真正体现出团队合作的能量，最终才能在团队中成就自己。将来到了职场，我们会更深刻地感受到团队的存在对个人发展的意义。

那么，如何组建一个成功的团队？成功的团队需要哪些要素？

图 5-1 为组建团队的模型。这个模型的结构是从“我”到“我们”的团队形成过程，每一名团队成员都要遵守规则、主动承担、取长补短、坦诚相见，最终志同道合达成目标，形成一个团队，成为“我们”。

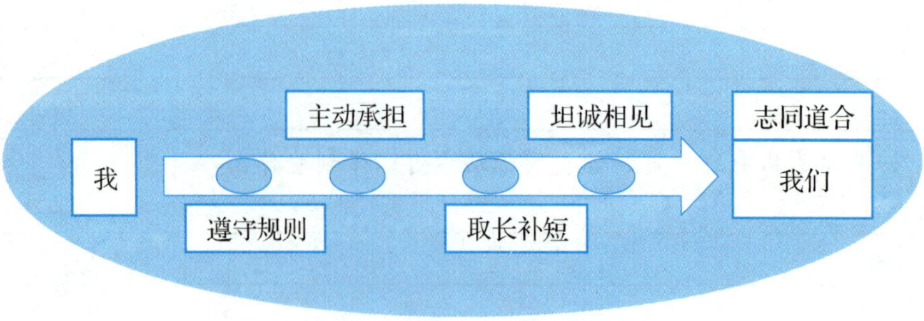


图 5-1　组建团队的模型

## 拓展阅读

在自然界中，洪水往往是动物最大的敌人。它威力强大，所到之处很多动物都会被淹死，但蚂蚁总能逃过一劫。蚂蚁家族分工明确，各司其职；蚁后负责产卵，工蚁负责日常供给，兵蚁负责保卫种群。当洪水到来的时候，兵蚁探测到水位升高可能会淹没蚁穴，就会马上发出紧急撤离信号。于是，蚁群就会按照分工有条不紊地开始撤离。有的保护蚁后，有的搬走蚁卵。洪水一旦淹没蚁穴，所有蚂蚁都会以蚁后为中心紧紧地围成一个蚁球漂浮在水面上。落单的蚂蚁最后不是被淹死就是成为其他动物的午餐，而蚁球中的蚂蚁漂到高地后又会继续繁衍。

## 活动与思考

### 拉绳游戏与团队协作效能探究活动

**一、活动背景**

相对来说，活动能够比较好地调动学生学习的积极性，特别是体育类的活动。通过本活动，学生可以根据直观的数据了解团队合作的重要性。与此前的活动相比，本专题的团队组建与呈现活动聚焦于团队本身，重在引导学生思考成功团队五要素的内涵。

**二、活动目的**

（1）让学生亲身体验团队活动中个体贡献的变化，营造积极向上的学习氛围。

（2）探讨团队协作中的动力机制与潜在问题，提升团队协作效率与成员责任感。

**三、活动形式**

拓展活动、小组讨论等。

**四、活动道具**

一根足够长且能承受一定拉力的绳子，拉力计（用于测量个体拉力），实验记录表。

**五、活动规则**

（1）将学生分为不同小组，每组人数逐渐增加，从 2 人开始，直至班级总人数允许的最大数。

（2）确保每组有一位记录员，负责记录每位成员的拉力及小组总拉力。

（3）确保安全，讲解正确的拉绳姿势，避免受伤。

**六、活动步骤**

（1）教师讲解活动规则，组建不同人数的小组。

（2）依次让不同人数的小组进行拉绳实验，每组进行 2～3 次尝试，取平均值作为记录。

（3）教师鼓励学生在拉绳时全力以赴，同时观察并记录数据。

(4) 各组分享数据，教师汇总，计算平均每人拉力随人数变化的情况。

(5) 引导学生观察并分析数据，发现随着人数增加，平均每人拉力呈下降的趋势。

(6) 小组讨论拉力下降的原因。

1) 团队成员结合自己的情况分析拉力为何下降，可以从心理、体力等方面分析。

2) 怎样理解在团队中可能会出现“2+2=5”“2+2=3”的情况？哪些因素会影响拉力的变化？

3) 我们怎样尽量做到“2+2=5”?

(7) 小组分享。

学生把这些问题的答案整理后写在草稿纸上，并请一名成员进行分享。

**七、活动重点说明**

在活动时，要尽量鼓励每位同学使出自己的最大力气，记录的同学要做好准确记录，同时安排几名同学进行观察，观察不同小组大家的出力情况，确保实验数据的准确和活动的顺利开展。

(1) 每个小组首先要选出组长作为团队负责人，组长及小组成员均要清楚活动规则。

(2) 各小组的数据记录员、情况观察员要及时准确地记录数据。

(3) 在整个活动中，各小组要尽量融入团队五要素，以此协调彼此的任务，包括每个成员角色和任务分配等。

**【思考】**

(1) 拉绳实验给你最大的启发是什么?

______________________________________________

______________________________________________

______________________________________________

(2) 在团队中，我们应该怎样做才能尽量避免出现“2+2=3”而达到“2+2=5”的效果?

______________________________________________

______________________________________________

______________________________________________

团队中的个体为了共同目标而相互协作、共同努力的行为即团结合作精神，它是一种重要的社会价值观和行为准则。

团队的力量并非简单的个体力量的累加。当个体组成一个团队时，他们的总体表现可能会受到多种因素的影响，如沟通成本、协调难度、责任分配等。这些因素可能导致团队的整体表现低于个体表现的总和。因此，团队协作需要良好的组织和协调，以确保每个成员都能发挥最大的作用。明确的目标责任制和奖惩制度，可以激发团队成员的积极性和创造力，从而提高团队的整体表现。同时，这种激励机制也有助于减少团队中的“搭便车”行为，即个体依赖团队其他成员的努力而自己不付出。在现实生活中，我们更多地需要选择合作。通过培养正确的竞争与合作观，可以促进团队成员之间的良性竞争和协作，从而提高团队的整体实力。

职场故事

### “两弹一星”创造的奇迹

20 世纪 60 年代初，中国在原子弹、氢弹和人造卫星等科技方面几乎是一片空白，党中央和毛泽东主席作出了研制原子弹的决策，并决定以自力更生为主研制导弹和自行研制人造卫星，统称“两弹一星”。“两弹一星”的研制涉及跨部门协作，如中国科学院与二机部在原子弹研制中的合作，以及中国科学院与七机部在人造卫星研制中的配合等；涉及科研团队的组建，它汇聚了钱学森、钱三强、邓稼先、于敏、孙家栋等一大批国宝级科学家，以及原公浦等默默无闻的劳动者，他们来自不同领域和专业，如物理学、化学、工程学、计算机科学等，形成了多学科交叉的科研力量。面对如浓缩铀的提炼、导弹的制导技术、人造卫星的发射技术等重重技术难题，各部门之间建立了有效的信息共享和沟通机制，通过定期召开会议、交流研究成果等方式，加强各部门之间的沟通和协作，还根据科研任务的需求，将任务分解为若干个子任务，并明确各部门的职责和分工。“两弹一星”研制过程中，多个部门、多个领域、多个专业的协同作战体现在组织结构、科研团队、技术与设备以及具体实践等多个方面。这种协同作战的精神和实践经验对于当今社会的科技创新和团队建设具有重要的启示意义。

**【思考】**

（1）“两弹一星”的研制成功对我们有哪些启示？

________________________________________

________________________________________

________________________________________

（2）结合“功成不必在我，功成必定有我”，说说“两弹一星”的研制是如何体现这句话的。

________________________________________

________________________________________

________________________________________

## 二、团队合作的重要性

在工作中，团队合作十分重要。一个团队的成功往往取决于其成员之间的协作程度和配合程度。当团队成员能够相互信任、相互支持，共同面对挑战和困难时，团队的整体实力将会得到极大提升。这种团队合作的精神不仅能提高工作效率，还能够增强团队成员之间的凝聚力和归属感。

在生活中，团队合作一样很重要。无论是面对自然灾害、疫情还是其他挑战，人们都需要团结一致、共同应对。“众人拾柴火焰高”，通过团结合作，我们可以集思广益，共同解决各种难题。这种精神不仅能够促进社会的和谐稳定，还能够推动社会的进步和发展。

团队合作有助于个人品质和素养的培养。在团队合作过程中，人们需要学会倾听他人的意见、尊重他人的观点，同时也需要学会承担责任、勇于担当。具体到我们身上，它既有利于促进我们的学业和职业发展，也有利于促进我们的个人成长和社交能力提升。

从学业和职业的角度来讲，团队合作有助于我们提升学业成绩、增强职业技能。在学习过程中，许多课程和项目都需要团队合作。通过团队合作，我们可以共同解决难题，分享学习资源和经验，从而提高学习效率和质量。在合作中，我们可以了解不同职业角色的职责和要求，为未来的职业规划提供参考。其他职业技能如沟通、协调、组织和领导等能力得到了有效提升，这些技能在未来的职业生涯中至关重要，有助于我们在职场中脱颖而出。

从个人成长的角度来讲，团队合作有助于我们增强自信心、培养责任感和创新思维。通过团队合作完成任务，我们可以感受到自己的价值和贡献，从而增强自信心，这将使我们在面对挑战和困难时更加勇敢和坚定。在团队中，每个人都有自己的职责和任务，通过完成自己的任务，我们可以培养起对工作的责任感和对团队的忠诚度，这将有助于我们在未来的工作和生活中更加自律和负责。团队合作的环境有助于激发我们的创新思维和创造力，在团队中，我们可以相互启发、相互激励，共同探索新的解决方案和创意，这将使我们在未来的学习和工作中更加灵活和富有创造力。

从社交的角度来讲，团队合作有助于我们学会包容与理解，进而提升社交能力。在团队合作中，我们可能会遇到不同的观点、性格和工作方式的成员，由此学会尊重他人，增强团队协作能力。在团队中，我们可以逐渐学会与他人沟通和交流，还可以结识更多志同道合的朋友，拓展社交圈子，为未来的职业发展打下基础。

综上，团队合作不仅能够提升我们的学业成绩和职业技能，还能培养我们的责任感、社交能力、自信心和创新思维，关于团结合作的种种历练将使我们在未来的生活和工作中更加和谐与融洽。因此，作为中职生，我们应该积极参与学校举办的各类团队合作活动，以培养自己的团队协作精神和能力。

## 拓展阅读

在F1赛车比赛中，一个赛车手要完成进站环节，背后有很多工作人员的参与和协作。这些工作人员分工明确，各司其职，共同确保进站过程的高效和安全。他们根据主要职责分为核心人员、辅助与支持人员和其他可能的人员。核心人员有：轮胎更换技师，共12人，每个轮胎配备3名技师，其中1人负责使用气动扳手松开和拧紧车轮螺母，1人负责卸下旧轮胎，另1人负责装上新轮胎；千斤顶操作员

2人；特别千斤顶操作员1人；引擎气门气动回复装置检查员1人；油管扶持员1人。辅助与支持人员有“棒棒糖先生”1人，安全帽擦拭员1人，赛车中部稳定员2人，前翼调整员2人，进站监督员1人。其他可能的人员有发动机点火装置准备员1人，灭火器准备员1～2人。这些工作人员通过紧密协作和高效配合，确保赛车在尽可能短的时间内完成进站环节，从而帮助车手在比赛中取得优势。他们的付出和努力是赛车手能够成功完成比赛不可或缺的一部分。

## 活动与思考

### 团队组建与风采展示活动

**一、活动背景**

在经历了“拉绳游戏与团队协作效能探究”活动后，学生对团队协作已经有了一个基本的认识。但团队究竟可以爆发出什么样的力量，学生对此的认识还比较模糊。本活动的目的在于引导学生进一步思考遵守规则、主动承担、取长补短、坦诚相见及志同道合等成功团队五要素在塑造团队过程中所起的作用，以培养学生的团队协作意识和职业责任感。

**二、活动目标**

（1）活跃氛围，调动学生积极性，增强班级凝聚力。

（2）通过活动前学习、活动中体会等方式，使得学生逐步加深对成功团队五要素的认识。

**三、活动道具**

草稿纸、水彩笔、手机（用于录像）。

**四、活动规则**

（1）活动的团队任务是组长和组员一起组建一个团队，该团队包括团队名称、Logo、口号和歌曲等要素，将其记录在草稿纸上。

（2）活动评分标准如表5-1所示。

表5-1 “团队组建与风采展示活动”评分标准

| 内容 | 要求 | 分值 |
|---|---|---|
| 名称 | 突出团队特点，积极向上 | 10 |
| Logo | 直观展示团队特点 | 10 |
| 口号 | 易于理解，节奏感强 | 10 |
| 整队 | 队形有特色 | 20 |
| 歌曲 | 内容健康向上，表演有感染力 | 20 |
| 组长 | 协调组员，组织有序，声音洪亮 | 10 |
| 组员 | 服从安排，配合恰当，落落大方，声音洪亮 | 20 |

## 五、活动步骤

步骤一：教师讲解活动规则，各小组以组为单位组建团队，在组长的带领下完成团队任务，然后选派代表准备分享。

步骤二：用抽签的方式，确定各小组的出场顺序。

步骤三：各小组分别予以展示，同时由一名学生将展示过程记录下来。

步骤四：各小组思考并回答以下问题：

(1) 在团队风采展示环节，各位成员的表现如何？

(2) 各位成员分别贡献了什么？

(3) 团队成员在商量过程中遇到了什么困难？这些困难是怎么克服的？

(4) 当团队成员商量时发生意见分歧，你们是怎么解决的？

学生把这些问题的答案整理后写在草稿纸上，并请一名成员进行分享。

步骤五：团队之间进行互评，最后由教师对活动进行点评和总结，公布成绩，播放成功团队的录像。

步骤六：团队头脑风暴，反思本团队活动过程中的优缺点，并记录在草稿纸上，作为以后团队活动的经验教训总结。

## 六、活动重点说明

学生在活动环节可能会比较兴奋，有些小组的同学可能会没有头绪，这些都会影响活动的顺利开展，教师可以把活动的几个关键环节写在黑板上，确保大部分小组能够顺利完成团队组建活动。

每个小组首先要选出组长作为团队负责人，组长及小组成员均要清楚活动规则。

在完成队名、口号等创建后，各小组要花时间练习队列和口号，以便在展示环节可以更好地展示自己小组。

在整个活动中，各小组要尽量融入团队五要素，以协调彼此的任务，包括每个成员角色和任务分配等。

## 七、活动中的学生表现

“团队组建与风采展示活动”重点步骤中的学生表现如表 5-2 所示。

表 5-2 重点步骤中的学生表现

| 活动步骤 | 活动要求 | 学生表现 |
| --- | --- | --- |
| 步骤一 | 组建团队 | 活跃、忙乱、可能出现不恰当队名 |
| 步骤二 | 抽出场顺序 | 略有焦虑，担心出场顺序会影响表现 |
| 步骤三 | 团队展示、录像 | 面对同学和手机录像时较为紧张 |
| 步骤四 | 思考并回答问题 | 表达缺乏条理性 |
| 步骤五 | 团队互评、教师点评、播放录像 | 兴奋，有所触动 |
| 步骤六 | 学生讨论，总结经验教训 | 复盘到位 |

**【思考】**

(1) 联系成功团队五要素，你觉得你们小组成功/失败的关键是什么？

____________________

____________________

____________________

(2) 结合自己的个性特点，你觉得在未来的工作中你能够胜任团队中什么角色？

____________________

____________________

____________________

团队的组建需要团队成员明确目标，实现自我的角色定位，在解决问题时鼓励团队成员创新思维，打破常规，实现信息共享，短时间内进行高效沟通与协作，以此来塑造团队精神。团队组建与风采展示活动不仅是一次展示团队实力和风采的机会，更是团队建设、能力提升和文化塑造的重要过程。通过这些活动，团队成员能够加深对彼此的了解，增强凝聚力，共同迈向更高的目标。

### 启思导行

大雁迁徙时，雁群一般会排成“人字阵”或“一字斜阵”。生物学家研究后认为，这样的飞行安排是最快最省力的方式，大雁定时交换前后位置，自动调整不同速度，因而始终保持高效飞行状态，最终成功实现千里迁徙。通过团结合作，雁群实现了远距离迁徙；通过团结合作，雁阵中的大雁达到了单独远行所根本不可能有的效果，这就是“雁阵效应”。

作为中职生，我们可以从“雁阵效应”中归纳总结出哪些有效团结合作的因素？

## 第二节 如何融入团队

融入团队是实现个人成长和团队成功的重要途径，但是融入团队不是一蹴而就的事情，它需要我们付出时间和努力。通过主动沟通、积极参与、乐于助人、持续学习等方式，我们可以逐渐融入团队，成为团队中不可或缺的一员。同时，我们也要时刻保持谦虚和开放的心态，不断学习和成长，为团队的成功贡献自己的力量。

## 职场故事

刚毕业的王晓在一家IT公司的研发部门工作。面对全新的环境和陌生的同事，王晓心中既有期待也有忐忑。入职第一天，王晓就主动向团队成员介绍了自己，他利用午休时间，与几位同事一起共进午餐，还主动添加了团队成员的联系方式。工作中，王晓认真阅读项目文档，熟悉工作流程，并主动承担了一些力所能及的任务。当同事遇到问题时，他总是第一时间伸出援手，分享自己的经验和知识。同时，他也虚心向同事请教，不断提升自己的专业能力。他利用业余时间参加各种培训课程和研讨会，不断提升自己的专业技能和领导力。同时，他还将所学到的知识和经验应用到实际工作中，为团队带来了更多的创新和价值。在团队成员的共同努力下，项目取得了圆满的成功，王晓也因此获得了公司的表彰和奖励。

**【思考】**

（1）王晓的哪些行为帮助他有效地融入了团队？

______________________________

______________________________

______________________________

（2）结合自己融入团队的经验，谈谈你有哪些融入团队的小妙招。

______________________________

______________________________

______________________________

## 一、融入团队的重要性

融入团队在任何组织或企业环境中都至关重要，这不仅关乎个人的职业发展，也直接影响到整个团队的效能和氛围。

团队在发展过程中会遇到各种挑战和机遇，融入团队意味着与其他成员建立紧密的联系，建立深厚的信任和友谊，而有效的沟通、协作和对彼此的信任能够确保团队目标的达成。同时，团队成员之间可以共享知识与经验，集思广益，共同寻找问题的解决方案，这不仅促进了个人的快速成长，还能提升团队成员之间的责任感和归属感。所以，无论身处哪里，我们都要积极地融入团队，为团队的发展贡献自己的一份力量。

融入团队既影响到我们的学习生活，还关系到我们未来的职业发展。我们在学习中，涉及动手的实操环节占了相当大的比重，很多实操环节需要学会与他人有效沟通、分工合作。在交流和分享中，我们可以接触到各种不同背景的人，接触到更多元化的知识和技能，拓宽眼界，找准自我定位，完成属于自己的任务，提升自信心和获得融入团队的方法，在面对问题时学会分析问题、提出解决方案，为今后的职业生涯做好准备。

在各种融入团队的努力和尝试中，我们将学到各种经验和技能，这将是我们未来职业生涯中非常重要的一笔财富。因此，我们应该积极融入团队，珍惜每一次团队协作的机会，为今后的职业发展打下坚实基础。

## 拓展阅读

融入团队是职场和个人发展中至关重要的一环，它不仅关乎个人的工作效率和满意度，还直接影响整个团队的凝聚力和绩效。为了更有效地融入团队，我们可以采取如下步骤：

第一，了解团队文化和价值观，如阅读公司手册和内部资料等。

第二，学习团队协作技巧，可以阅读《团队协作的五大障碍》《从 0 到 1：开启商业与未来的秘密》等书籍。

第三，提升自身的专业技能，利用 MOOCs（大型开放在线课程）和专业博客，学习新的技能和方法。

第四，增强沟通技巧，了解身体语言、面部表情等非言语沟通方式。

第五，培养团队精神和领导力，阅读关于团队建设活动的成功案例，了解如何通过团建活动增强团队凝聚力。

第六，保持开放心态持续学习，广泛阅读各种书籍和文章。

通过以上行动，我们可以从多个维度提升自己，从而更好地融入团队。融入团队是一个持续的过程，需要时间和耐心。保持积极的心态，主动与团队成员沟通，我们会很快成为团队中不可或缺的一员。

## 活动与思考

### 建基站活动

**一、活动背景**

经过前面的学习，学生已经了解了团队合作的概念和团队合作的重要性，但这种认识仅仅停留在理论层面，学生对如何融入团队缺乏实际体会。这就需要通过几个具体的团队活动让学生进行沉浸式学习并亲身体验，实现从理论到实践的转变。

**二、活动目的**

(1) 通过活动，让学生深刻理解成功团队的五要素和融入团队的技巧。

(2) 通过活动，让学生意识到团队中的每一个成员都要积极参与团队活动，并扮演好自己的角色。

**三、活动道具**

扑克牌。

**四、活动规则**

(1) 在 20 分钟内，各小组使用一副扑克牌完成建基站的任务，基站的形状不限。

(2) 团队所有成员都参与，并进行角色分配。角色和角色任务如表5-3所示。

表5-3 角色和角色任务

| 角色 | 角色任务 |
| --- | --- |
| 激励者（队长） | 明确小组工作的总目标，不断地鼓励队员快速工作 |
| 创意者（队员） | 发挥自己的奇思妙想，为完成任务出主意、想办法 |
| 保守者（队员） | 严格按照任务要求去做，一丝不苟 |
| 批评者（队员） | 按照较高的标准，对各项任务作出评价 |
| 观察者（队员） | 对其他小组和本小组的工作流程进行观察比较，提出建议 |

(3) 扑克牌可以折弯，任意变形，但不可以使用其他辅助工具。

(4) 基站建好以后，要给基站取一个名字，基站高度最高的小组获得胜利。

**五、活动步骤**

步骤一：教师宣布活动规则，发放扑克牌。每个小组都发放一副扑克牌，要求在20分钟内完成建基站的任务，并给基站取名。

步骤二：各小组讨论建造基站方案，开始建造基站。

步骤三：请两位同学同时用卷尺测量各小组基站的高度，并登记在黑板上，确定最终获胜组。

步骤四：各小组推荐一名同学代表本组进行发言，介绍本组的基站名称和设计创意，详细分享建造方案是如何商定的，介绍全组队员的参与程度与积极性、团队分工情况、每个成员在角色扮演方面的表现、有哪些细节让人印象深刻。

步骤五：在各小组分享的基础上，归纳各组的良好做法，并与成功团队应具备的五要素相对应。

**六、活动重点说明**

在本次活动中，教师要鼓励学生积极主动地参与活动，并反复强调，每个队员都是团队中重要的成员，缺了谁这个团队都不完整；每个队员都应该根据自己的实际情况主动找到自己在团队中的角色和位置，并扮演好自己的角色，高效完成该角色赋予的任务，要么做一名优秀领队者，要么做一名优秀队员，总之都要完成好自己的任务；无论出现什么问题，小组进行讨论时要对事不对人，这是融入团队的基本素养；成功是团队的成功，荣誉由所有成员共享，失败是团队的失败，责任由所有成员共担。

(1) 每个小组建造的基站形状不一样，建造方式也不一样，这些都体现了团队成员们的集体智慧，这是应该充分给予肯定的地方。

(2) 每个小组在建造基站的过程中是如何分工合作的，哪些同学提出了建议，采用了哪些同学的方案，整个过程中是否有人领导。有些小组分工较为合理，活动能够有序进行；有些小组急于求成，分工不明，组织混乱，意见不统一，影响了进度。因此，团队要有规则。

（3）在活动中，一些小组的成员能全力以赴地投入到基站的建设中，每个成员都出谋划策，为搭建最棒基站而努力。因此，团队成员要团结一致，整个团队目标也要统一。

（4）在建基站的过程中，有些队员提出了自己的看法和想法，有些队员赞同，有些队员反对。在小组成员达成一致意见的过程中，大家的沟通很重要。在沟通中，小组成员之间要学会彼此尊重，尽量客观地思考和看待队友的建议。对正确的建议要积极采纳，对错误或不合理的意见要坚决舍弃。

（5）在一些小组中，有的队员一不留心碰倒了基站，或者因为自己的原因让整个小组没有如期完成建构基站的任务而非常沮丧，这说明他们有强烈的团队荣誉感和团队责任心。

（6）在建造基站的过程中，有些队员会观察其他组的情况，并适当地采纳其他组的建造方案，这说明他们有较强的学习意识。

（7）在建造基站的过程中，同学们会发现，如果一开始方法对了，后面的事情做起来会顺利很多；如果一开始方法不对，后面的工作就很难完成。所以，是否运用合理的工作方法对一个团队能否很好地实现团队目标十分重要。

## 七、活动重点步骤中的学生表现

建基站活动重点步骤中的学生表现如表5－4所示。

表5－4 重点步骤中的学生表现

| 活动步骤 | 活动要求 | 学生表现 |
|---|---|---|
| 步骤一 | 全组参加 | 个别同学不参加 |
| 步骤二 | 讨论建造方案，开始建造基站 | （1）有些小组意见统一，目标清晰，很快达成共识，齐心协力开始建造基站<br>（2）有些小组不讨论，少数同学参与，没有方案，没有分工就开始建造基站<br>（3）有些小组讨论激烈，但是很久都没有拿出一个统一方案，进度较慢 |
| 步骤三 | 由两位同学测量各组基站的高度 | （1）着急，迫切想知道自己小组基站的高度<br>（2）互相抱怨，认为没有建造更合理的基站 |
| 步骤四 | 学生分享 | （1）优秀团队分享经验，条理清晰，经验可共享<br>（2）落后团队分享教训，叙述可能会较为混乱 |
| 步骤五 | 教师点评 | 认真倾听，反思 |

【思考】

（1）联系成功团队五要素，分析你们小组成功/失败的关键是什么。

______________________________

______________________________

______________________________

（2）结合自己的个性特点，你觉得在未来的工作中你能够胜任团队中的什么角色？

______________________________

______________________________

______________________________

当我们在团队合作中面对问题和挑战时，要勇于尝试新的方法和思路，不断寻求创新和突破。任何团队活动的成功，既要依赖团队成员之间的紧密协作，也要靠个人发挥自己的特长，在面对失败和挫折时不断沟通协调，不断努力，最终共同解决问题。

## 二、团队角色的多样性

团队中存在着多种多样的角色，每种角色都有其独特的职责和价值。例如，领导者负责设定方向和激励团队，协调者确保团队成员之间的顺畅沟通，创新者则不断提出新的想法和解决方案。通过了解这些角色的特点，我们可以更好地认识团队运作的复杂性。

在团队中，每个人根据自己的能力和兴趣，可能会自然而然地承担起某种角色，也可能同时担任多个角色。例如，一个擅长沟通的成员可能既是协调者也是信息提供者。此外，我们应学会反思自己在团队中的表现，识别自己当前扮演的角色，并思考这些角色是否符合自己的职业发展和团队需求。

在团队合作中，环境与角色的动态性是团队发展的核心特征。随着团队目标推进、任务阶段转换或外部条件变化，个体的角色往往需要灵活调整以适应新需求。例如，项目初期可能要求成员发挥创新思维成为“探索者”，而在执行阶段则需要转变为注重细节的“执行者”；当团队遭遇瓶颈时，原本的“协调者”可能需要主动承担“决策者”的责任。这种角色转变既体现了个人能力的多维度发展，又反映出团队协作的有机性——每个成员都是团队系统中的动态节点，通过及时补位、协同配合，既能提升整体效能，又能促进个人综合能力的提升。因此，保持角色认知的开放性和适应性，建立有效的沟通反馈机制，是保障团队在变化中持续成长的关键。

为了促进团队的整体效能，团队成员应培养全面的角色意识。这意味着不仅要关注自己的角色，还要理解并尊重其他团队成员的角色。通过相互支持和协作，团队成员可以共同应对挑战，实现团队目标。此外，全面的角色意识还有助于我们在未来的职业生涯中更好地适应不同的团队环境和工作要求。

## 活动与思考

### 团队角色探寻活动

**一、活动背景**

本活动是建基站活动的后续、延伸和深化。学生通过建基站活动亲身体验了团队合作的过程，根据教师的要求，每个学生都尝试感受了自己在团队中的位置与角色，并贡献了自己的力量。

**二、活动目的**

继续深化学生对团队角色的认识，通过介绍团队中不同角色的特点和状态，结合建基站活动分析自己在团队中的角色。

**三、活动道具**

小卡片。

**四、活动规则**

(1) 在活动进行过程中，全体同学应该保持安静、思考的状态，尽量不交流。

(2) 每个同学根据自己在建基站活动中的表现，分析自己在团队中的角色（可以有多个），写在小卡片上并反扣在桌面上，尽量不要被其他人看见。

(3) 各组组长根据各组员在建基站活动中的表现，分析每个人在团队中的角色（一人可以有多个角色），写在小卡片上。

**五、活动步骤**

步骤一：调整气氛，播放柔和放松的音乐《天空之城》，让学生们安静下来。

步骤二：教师讲解规则。

步骤三：组员和组长根据规则写下各人在团队中的角色，并分享和说明为什么。

步骤四：各组员对比自己和组长所判定的角色异同，思考原因。

**六、活动重点说明**

本活动是建基站活动的后续与深化，由于同学们在建基站活动中一直处于比较活跃的状态，不利于反思，所以在进行本活动前要做好引导工作，把全场气氛调节到安定放松的状态。教室里小声播放轻松的音乐，要求同学们安静、放松。

如果自己分析的角色与组长分析的角色一致，则说明该组员能够清晰定位自己的团队角色，自己的想法和行动表现一致；如不一致，该组员就可能是对自己的角色定位不清，想法和行动不匹配。

**七、活动重点环节的学生表现**

团队角色探寻活动重点步骤中的学生表现如表 5-5 所示。

表 5-5　重点步骤中的学生表现

| 活动步骤 | 活动要求 | 学生表现 | 活动着重点 |
|---|---|---|---|
| 步骤一 | 安静 | 有的学生能很快安静下来，还有部分学生比较活跃，需要在引导之后才能慢慢地安静下来 | 放松 |
| 步骤二 | 教师讲解规则 | 不理解、不明白、好奇 | 细心听、重复 |
| 步骤三 | 写下角色，并分享 | 想不到，有顾虑 | 想法没有对错，基于事实和第一感觉，大胆面对 |
| 步骤四 | 对比、反思角色判定的异同 | 对于组长的评价不接受 | 对事不对人，评价只作参考，角色仅限本次团队活动 |

## 八、活动中学生表现的详细说明

(1) 通常情况下，在建基站活动后学生们都比较活跃，要配合轻松的背景音乐和放松的引导词，引导他们安静和放松。

(2) 教师讲解规则的时候，总会有部分学生听不明白，可以配合 PPT 重复一次，或者在讲解前声明一次纪律，让学生们的注意力回到教师身上。

(3) 让学生们思考自己在团队中的角色，对他们来说是有一定挑战性的。主要表现是有顾虑，怕被别人笑话，或者不愿意去思考，怕面对自己的角色。

(4) 有些学生可能会认为组长对自己的角色定位与自己的想法相差较远，不接受组长的评价，甚至会因此闹得不愉快。

## 九、针对学生表现，教师的引导方式

针对学生过分活跃的表现，教师引导用语可以参考如下内容："请大家安静下来，不要说话，闭上眼睛，并用腹式呼吸。当你呼气的时候，把自己的注意力放到肩膀上，同时放松。"这样可以让大家从兴奋紧张的状态中放松下来。

针对学生思考角色时的顾虑，教师要引导学生在思考时注意自己的第一想法。如果想法太多反而不科学，思考时要以事实为依据，根据自己的表现来判断角色；每个人在团队里的角色都是非常重要的，没有好坏、高低之分；鼓励大家尊重自己的感觉，重新认识自己在团队中的位置，品味角色的内涵。

针对学生不理解和不接受评价结果的情况，教师引导时要注意说明组长的评价也只是作为参考，如果不认同也是可以理解的；活动的目的是给大家提供一种认识团队角色的机会。另外，本次评价也只是作为参考并且仅限于本次活动。在每个活动中，角色是可以变化的，但我们必须注意自己是什么角色就应该做什么样的事，做好自己分内的事。

**【思考】**

(1) 个人如何准确识别自己在团队中的角色？请列举至少两种具体的方法。当团队环境或项目需求发生变化时，个人应如何灵活调整自己的角色，以适应新的需求和挑战？

______________________________

______________________________

______________________________

(2) 在实际工作中，个人角色如何与团队目标相契合，以实现个人与团队的共同发展？

______________________________

______________________________

______________________________

## 启思导行

选择一个真实的团队项目案例，如企业团队、学术团队、志愿者团队等，分析该团队中不同成员的角色表现，识别出各自的团队角色。评估该团队角色配置的合理性，以及团队角色对团队绩效的影响。

提交一份案例分析报告，包括案例描述、团队角色识别、角色配置合理性评估等内容。

# 第三节 职场中的团队特质与融入团队的建议

俗话说："独木不成林，单弦难成曲。"这形象地描绘了团队合作在职场中的不可或缺性。每个个体如同林中的树木或乐曲中的琴弦，只有相互协作、和谐共鸣，才能共同构成茂密的森林或动人的乐章。在职场中，团队合作是取得成功的关键。本节课我们将深入探讨职场中团队的特质，了解一个高效团队所应具备的素质；同时，我们也将分享融入团队的有效建议，帮助每位同学在职场中更好地定位自己，发挥潜能，与团队成员携手共进，共同创造更加辉煌的业绩。

## 职场故事

### 礼炮队的职场启示

2021年7月1日，庆祝中国共产党成立100周年大会在天安门广场隆重举行。礼炮鸣放作为"开篇之作"，声震寰宇。每门炮组由三人共同操作，各司其职：三炮手递弹，一炮手开关闩，二炮手充填礼炮。为了达到最佳效果，他们必须相互信任，默契配合。在训练中，他们严格要求自己，追求“人炮合一”的境界。响数准确、响声同步、形象一流、动作规范，是礼炮中队执行任务的四大标准。

100 响礼炮响彻云霄的背后，是 168 名炮手的严阵以待。他们不仅在日常训练中精益求精，更在生活中相互依靠，成为彼此最信任的战友。正是这种个人的训练和集体的配合，共同铸就了礼炮队的辉煌。礼炮队的成功绝不是一人以一己之力可以企及的，而是需要所有成员的通力配合，需要同心协力为了同一目标、同一理想而奋斗。

**【思考】**

（1）结合生活实际，谈谈你对上述材料的理解。

________________________________________

________________________________________

________________________________________

（2）礼炮队的成功为何离不开每个炮手的通力配合？

________________________________________

________________________________________

________________________________________

## 一、职场团队合作的重要性

在团队中，每一个成员都扮演着独特的角色，拥有不可替代的作用。就像一台机器的各个部件，缺少任何一个都会导致整体运转不畅。因此，我们要认识到，团队就是一个都不能少。

团队中的每个人都拥有独特的才能和视角，这些特质共同构成了团队的多样性和创造力。无论你是擅长技术操作、擅长沟通协调还是擅长创新思维，你的存在都为团队带来了独特的价值。因此，每个人都是不可替代的。在团队中，我们要学会欣赏和尊重每个人的差异，发挥各自的长处，共同推动团队向前发展。

在团队协作中，我们要明确一个原则：失败是团队的失败，成功是团队的成功。这意味着，当团队面临挑战或失败时，我们不能将责任归咎于某一个人，而是要共同承担责任，寻找解决问题的方法。同样地，当团队取得成功时，我们也要学会分享胜利的喜悦，认识到这是全体成员共同努力的结果。这种团队责任感有助于增强团队凝聚力，促进成员之间的信任和合作。

个人的表现与团队的命运紧密相连。一个人的失误或失败可能会对整个团队造成不良影响，甚至导致整个团队的失败。因此，我们要时刻保持警惕，努力提升自己的专业技能和团队协作能力。同时，我们也要认识到，只有所有人成功才会让团队真正取得成功。只有当我们每个人都发挥出自己的最佳水平，共同努力，才能实现团队的目标和愿景。

## 拓展阅读

万人操弓，共射一招，招无不中。

——《吕氏春秋·孟春纪》

和则一，一则多力，多力则强，强则胜物。

——《荀子·王制》

## 拓展阅读

神舟十九号的成功发射，无疑是中国航天事业发展的又一重要里程碑，它不仅标志着国家技术与创新实力的显著提升，更深刻地体现了职场团队合作在复杂工程项目中的核心价值。从发射前的精心筹备到最终的顺利升空，整个过程中无不渗透着团队合作的精髓。

在准备阶段，面对烦琐复杂的火箭组装和系统测试，工程师们展现了高度的专业素养和团队协作能力。他们各司其职，紧密配合，通过严密的项目管理和风险评估，确保每一个细节都万无一失。这种精细的分工与默契的合作，正是职场团队高效运作的典范。

发射日当天，面对复杂多变的天气状况，发射团队更是展现出了出色的应变能力和坚定的执行力。在紧张而有序的氛围中，他们冷静分析，果断决策，最终成功按下发射按钮，将神舟十九号送入太空。这一瞬间，不仅是科技的胜利，更是团队合作精神的最好诠释。

神舟十九号的成功发射，不仅提升了中国航天的国际地位，更激发了无数年轻人的科学梦想和对航天事业的热情。它告诉我们，无论面对多大的挑战，只要我们拥有一支团结合作、勇于创新的团队，就能够克服一切困难，取得辉煌的成就。

## 职场故事

### 职场新星的迷途

李明，一个刚从大学毕业的软件开发工程师，怀揣梦想与热情踏入职场。凭借过人的技术才华，他迅速成为团队中的佼佼者。然而，荣誉的背后，李明却悄然种下了“量天尺”的种子，以自己的技术标准衡量同事，对未能达标的工作不屑一顾。

一次紧急任务中，李明作为项目负责人，按自己的标准分配任务，忽视了团队成员间的技术差异和协作能力。项目进展缓慢，团队氛围紧张，李明意识到，“量天尺”不仅不公平，更阻碍了团队的整体进步。

经历“量天尺”的教训后，李明开始反思，尝试调整心态，尊重团队成员。但随后，他又陷入了“单一面”的误区，全身心投入技术钻研，忽视了团队管理、沟通协调等非技术性能力。在团队建设中，他因过分专注于技术讨论，忽略了与团队成员的情感交流，导致团队氛围紧张，合作关系疏远。李明意识到，职场不仅是技术的比拼，更是综合素质的考验，只关注“单一面”会让自己在职场道路上越走越窄。

随着时间的推移，李明逐渐学会了平衡技术与沟通之间的关系，但“一根筋”的性格却成为他的新障碍。一次项目策划会上，面对客户的新需求，他坚持原计划，拒绝调整。他的固执让团队错失创新机会，客户也对公司的灵活性产生怀疑。这次失败让李明深刻体会到，“一根筋”不仅给团队带来了损失，也限制了自己的成长。

**【思考】**

（1）李明在初入职场时遇到了哪些挑战？

______________________________

______________________________

______________________________

（2）这些挑战是如何影响他和团队的关系的？

______________________________

______________________________

______________________________

## 二、团队合作中的职场“雷区”

在职场上，有些个性化的观念或做法，虽然看似是个人能力的体现，但实际上却可能阻碍团队的整体发展。我们把这些不符合团队需要的做法称为“职场雷区”。它们主要包括“量天尺”“单一面”“一根筋”三种现象。这些现象都是以个人的标准、原则和利益为出发点来评价外界，试图显示自己的水平。

“量天尺”是指用自己的标准去衡量他人的工作，认为只有符合自己标准的才是好的。这种做法忽略了团队成员间的差异和多样性，容易导致团队内部的矛盾和冲突。“单一面”则是只关注自己的专业领域，忽视团队合作和沟通的重要性。这种狭隘的视野会限制个人的成长，也会影响团队的协作效率。“一根筋”则表现为固执己见，缺乏变通和灵活性。在面对新情况、新问题时，这种思维方式会阻碍团队的创新和发展。

职场雷区不仅会影响个人的职业发展，还会对团队的整体发展造成负面影响。它们会破坏团队的凝聚力和协作精神，导致工作效率低下和成果不佳。同时，职场雷区也会阻碍个人的成长和学习，让人陷入自我中心的误区，无法适应不断变化的工作环境。

### 活动与思考

#### “我最喜欢交往的人的品质”活动

**一、活动背景**

在职场环境中，团队成员之间的交往和互动无时无刻不在发生。一个高效的团队需要成员之间能够相互理解、包容和协作，共同面对工作中的挑战和困难。因此，了解并尊重他人的品质，寻找与自己互补的团队成员，对于职场新人来说至关重要。为了帮助学生更深入地认识自己和他人，提升他们的人际交往能力，我们设计了这次课堂活动——“我最喜欢交往的人的品质”，引导学生反思自己的交往偏好，列举出自己最喜欢交往的人的品质。

## 二、活动内容

(1) 活动名称：我最喜欢交往的人的品质。

(2) 活动时间：约为 30 分钟。

(3) 活动道具：纸、笔、投影仪、计时器。

(4) 活动规则：

1) 学生需在 3 分钟内尽可能多地列举出他们最喜欢交往的人的品质，如开朗、大方、诚实等。

2) 列举的品质需清晰明确，不可模棱两可。

3) 列举的数量越多，且品质独特、不重复者，视为优胜。

4) 活动结束后，学生需对自己的列举进行反思，思考自己是否也具备这些品质。

## 三、活动步骤

步骤一：教师通过投影仪展示一些人际交往中的常见场景，引导学生思考自己在这些场景中的交往偏好。教师提出活动主题：“我最喜欢交往的人的品质”，并简要介绍活动目的和规则。

步骤二：教师分发纸和笔，要求学生在 3 分钟内尽可能多地列举出他们最喜欢交往的人的品质。教师使用计时器控制时间，确保每位学生都有相等的时间进行列举。在列举过程中，教师需观察学生的表现，对于犹豫不决或无从下手的学生，可适当给予提示和引导。

步骤三：学生完成列举后，教师邀请几位学生分享他们的列举结果，并解释为什么这些品质是他们最喜欢的。教师将学生的列举结果进行汇总，删除重复的品质，形成一份独特的品质清单。教师引导学生思考这些品质在人际交往中的重要性，并讨论如何培养这些品质。

步骤四：教师引导学生对自己的列举进行反思，思考自己是否也具备这些品质。学生分享自己的反思结果，并讨论如何在日常生活中提升自己的这些品质。教师总结活动，强调人际交往中的同理心和自我反思能力的重要性，鼓励学生积极培养这些品质。

## 四、活动重点与难点

(1) 活动重点。

1) 引导学生列举出他们最喜欢交往的人的品质。

2）通过活动，让学生意识到自己在人际交往中的不足，并激励他们提升自己。

（2）活动难点。

1）如何确保学生在短时间内列举出尽可能多的品质，并且这些品质独特、不重复。

2）如何引导学生深入反思自己的交往偏好和品质，并找到提升的方法。

## 五、活动中的学生表现与教师引导关键词

“我最喜欢交往的人的品质”活动重点步骤中的学生表现与教师引导关键词如表5－6所示。

表5－6　重点步骤中的学生表现与教师引导关键词

| 活动步骤 | 活动要求 | 学生表现 | 教师引导关键词 |
|---|---|---|---|
| 步骤一 | 观看场景，思考交往偏好；了解主题 | 观看思考，兴趣浓厚 | 展示、引导 |
| 步骤二 | 3分钟内列举喜欢交往的人的品质 | 积极列举，个别同学需提示 | 列举、计时、观察、提示 |
| 步骤三 | 分享列举，解释原因；讨论重要性 | 分享热烈，讨论积极 | 分享、讨论、汇总、引导 |
| 步骤四 | 反思自身品质，讨论提升方法 | 反思分享，愿望提升 | 反思、分享、总结、鼓励 |

## 六、活动准备与注意事项

（1）活动准备。

1）准备好纸、笔、投影仪和计时器等活动道具。

2）设计好活动流程和时间安排，确保活动能够顺利进行。

3）提前了解学生的学习背景和人际交往情况，以便在活动中给予更有针对性的引导和帮助。

（2）注意事项。

1）在活动过程中，要保持课堂秩序，确保每位学生都能积极参与。

2）对于学生的列举结果，要给予充分的尊重和肯定，避免打击学生的积极性。

3）在引导学生反思和提升时，要注重方法和策略，避免过于生硬或直接。

## 七、活动效果评估与反馈

（1）评估方式。

1）观察学生在活动中的表现和参与度，评估他们对活动的理解和接受程度。

2）收集学生的列举结果和反思结果，评估他们在人际交往中的认识和提升情况。

3）通过课后问卷或访谈等方式，了解学生对活动的满意度和建议。

（2）反馈方式。

1）根据评估结果，对活动进行总结和反思，找出存在的问题和不足。

2）针对学生的反馈和建议，对活动进行改进和优化，提升活动的质量和效果。

3）将评估结果和反馈意见分享给相关的教学团队和领导，以便在未来的教学中更好地应用和推广此类活动。

**【思考】**

（1）在“我最喜欢交往的人的品质”活动中，你列举了哪些品质？结合职场团队合作的重要性，思考这些品质与高效团队特质之间有何关联，并详细阐述它们与高效团队特质之间的联系，以及这些品质在团队合作中所发挥的具体作用。

______________________________________________

______________________________________________

______________________________________________

（2）结合“我最喜欢交往的人的品质”活动中你所列举的品质，以及你在团队中的优势和不足，分析你适合在团队中扮演什么样的角色；你将如何发挥自己的优势，弥补不足，更好地履行团队成员的责任，为团队的成功贡献力量。

______________________________________________

______________________________________________

______________________________________________

## 职场故事

### 职场新星的觉醒

在之前的篇章里，我们见证了李明如何在职场初体验中不慎踏入了“量天尺”“单一面”“一根筋”的雷区，遭遇了前所未有的挑战与困惑。但故事并未就此止步，李明在挫折中觉醒，踏上了走出“雷区”，融入团队，实现自我蜕变的征途。

**一、破冰之旅：以“先握手”搭建信任的桥梁**

面对与同事间的隔阂，李明首先选择了主动出击，用一句诚恳的道歉和一颗渴望和解的心，打破了与同事间的冰冷氛围。他积极参与团队活动，用真诚的笑容和积极的交流，逐步建立起与同事间的信任与友谊。在一次户外拓展中，李明与团队并肩作战，共同攻克难关。这次并肩作战的经历，让他深刻体会到团队合作的力量，也让“先握手”成为他职场生涯中宝贵的第一课。

**二、积极参与：以“再加入”的姿态贡献价值**

走出个人认知的迷雾，李明开始主动拥抱变化，积极投身于团队的工作中。他不再局限于自己的专业范畴，而是勇于接受新挑战，学习新技能，不断提升自我。在一次重要项目的攻坚战中，李明主动请缨担任组长，他凭借出色的组织能力和团队协作精神，带领团队克服重重困难，成功完成项目。这次经历不仅让他收获了成就感，更让他明白了“再加入”的真谛——在团队中找到自己的位置，为团队贡献价值。

**三、精准定位：以“找位置”发掘自我价值**

在团队的分工中，李明逐渐找到了自己的定位。他擅长数据分析，便主动承担起这一重任，不断优化工作流程，提高团队效率。同时，他鼓励团队成员发挥各自优势，共同推动团队向前发展。李明深知，每个人都是团队不可或缺的一部分，只有找到适合自己的位置，才能最大化地发挥个人价值。

**四、推动发展：以“起作用”展现影响力**

李明不仅在个人岗位上表现出色，更时刻关注团队的整体发展。他积极提出改进建议，参与团队建设，用实际行动推动团队向前迈进。在一次团队会议上，李明提出的提高工作效率的方案得到了广泛认可，并成功实施，为团队带来了显著的改变。这次经历让他深刻体会到，作为团队的一员，不仅要做好本职工作，更要敢于发声，为团队的发展贡献力量。

**五、真融入：以“真融入”成就团队之星**

经过时间的洗礼，李明已不再是那个初入职场时的青涩新人，而是团队中不可或缺的一员。他与同事间建立了深厚的友谊，共同面对工作中的挑战与困难。在一次团队庆功宴上，李明感慨地说：“从迷茫到自信，从困惑到成长，是团队给了我力量，让我走出了‘雷区’，找到了属于自己的位置。我将继续与团队并肩作战，为团队的辉煌贡献我的力量。”

**【思考】**

（1）结合李明的经历，你认为新员工应该如何避免职场“雷区”，更好地融入团队？

________________________________________

________________________________________

________________________________________

（2）信任如何影响团队成员之间的合作与沟通？

________________________________________

________________________________________

________________________________________

## 三、融入团队的建议

### （一）先握手——建立初步联系

想象一下你刚加入一个新的班级，第一步你会做什么？没错，就是和周围的同学打个招呼，握握手，建立初步的联系。在职场上也是如此，当你成为团队的新成员时，首先要做的就是与团队成员建立友好关系。这不仅仅是礼貌，更是融入团队的基础。一个简单的问候、一个微笑，都能让团队成员感受到你的友好和热情，为后续的融入打下良好的基础。

### （二）再加入——积极参与团队活动

仅仅握手还不够，你还需要更深入地参与团队的活动。这包括团队会议、项目讨论、团队建设等活动。通过积极参与，你可以更快地了解团队的工作方式、文化以及成员间的互动模式，这也是展示你能力和价值的机会。记住，不要害怕提出自己的观点和想法，但也要学会倾听和尊重他人的意见。

### （三）找位置——明确自己在团队中的角色

每个团队都有其独特的结构和角色分工。作为新成员，你需要找到自己在团队中的位置。这可能需要一段时间的观察和适应。你可以通过与团队成员沟通、了解团队目标和项目需求，来逐步明确自己的职责和角色。记住，每个角色都是重要的，找到自己的位置，才能更好地为团队贡献力量。

### （四）起作用——展现你的价值和能力

找到位置后，接下来就是要展现你的价值和能力了。这不仅仅是通过完成工作任务来体现的，还包括你如何与团队成员协作、如何解决问题、如何提出创新性的建议等。通过实际行动，你可以让团队成员看到你的实力和潜力，从而赢得他们的信任和尊重。

### （五）真融入——成为团队不可或缺的一员

当你能够熟练地参与团队活动、明确自己的角色、展现自己的价值时，你就已经迈入了真正融入团队的阶段。此时，你已成为团队中不可或缺的一员，你会与团队成员建立起深厚的友谊和信任，共同为团队的发展贡献力量。记住，融入团队是一个持续的过程，需要不断地学习和成长。

通过以上策略，你就可以轻松融入团队，成为团队中不可或缺的一员。融入团队不仅仅是为了个人的成长和发展，更是为了团队的整体利益和长远发展。

## 活动与思考

### 信任"坐"游戏

**一、活动背景**

在职场环境中，团队成员之间的信任是维系团队稳定、促进团队协作与创新的基石。然而，信任并非一蹴而就，它需要通过不断的互动与考验来逐步建立。对于职场新人而言，如何在团队中快速建立信任关系，与团队成员形成默契的协作，是我们面临的重要挑战之一。信任"坐"游戏作为一种经典的团队建设活动，通过模拟信任与被信任的场景，让参与者亲身体验到信任的力量以及团队协作的重要性。在游戏中，团队成员需要相互信任、紧密配合，才能共同完成任务。这种体验不仅能够增强团队成员之间的信任感，还能够提升我们的团队协作能力和人际交往能力。

**二、活动内容**

（1）活动名称：信任“坐”游戏。

（2）活动时间：约40分钟。

（3）活动道具：无须特殊道具，但需确保活动空间宽敞且安全。

（4）活动规则：

1）学生以小组为单位（建议每组4～6人），围成一圈，手拉手站定。

2）每位小组成员轮流成为“坐者”，站在圈内闭眼并向后倒下，完全信任地依靠其他小组成员用手接住并支撑住。

3）小组其他成员需紧密合作，确保“坐者”安全无虞。

4）游戏过程中，鼓励团队成员间相互支持与鼓励，共同完成任务。

5）游戏结束后，进行团队分享，讨论游戏中的感受与收获。

**三、活动步骤**

步骤一：活动导入与规则说明。

教师简要介绍信任“坐”游戏，强调信任与团队协作的重要性。明确游戏规则与安全注意事项，确保活动顺利进行。

步骤二：小组准备与练习。

学生按照小组划分，围成一圈，进行简单的热身练习，如手拉手感受彼此的力量。教师引导学生思考如何在游戏中建立信任，并鼓励他们相互支持与鼓励。

步骤三：游戏开始与进行。

小组内轮流进行信任“坐”游戏，每位成员都有机会成为“坐者”与“支撑者”。教师观察并记录学生在游戏中的表现，特别是信任建立与团队协作的情况。

步骤四：游戏结束与分享。

游戏结束后，教师邀请各小组分享游戏中的感受与收获，包括信任建立的过程、团队协作的体验以及个人心理变化等。教师引导学生反思如何在日常生活中应用信任与团队协作的原则。

**四、活动重点与难点**

（1）活动重点：帮助学生体验信任与被信任的感觉，增强团队协作能力；引导学生学会如何在团队中建立和维护信任。

（2）活动难点：克服学生的恐惧心理，鼓励他们勇敢地信任他人；引导学生深入反思信任与团队协作的重要性，并找到实际应用的方法。

**五、活动中的学生表现与教师引导关键词**

“信任‘坐’游戏”活动重点步骤中的学生表现与教师引导关键词如表5-7所示。

表 5-7　重点步骤中的学生表现与教师引导关键词

| 活动步骤 | 活动要求 | 学生表现 | 教师引导关键词 |
| --- | --- | --- | --- |
| 步骤一 | 引入游戏，强调信任与合作，明确规则 | 学生专注，期待参与 | 介绍、强调、规则说明，安全、信任、团队协作 |
| 步骤二 | 小组热身，讨论信任建立，相互鼓励 | 学生勇敢，协作紧密 | 小组、热身、讨论、信任、支持、鼓励 |
| 步骤三 | 游戏进行，轮流体验，教师观察 | 分享热烈，讨论积极 | 轮流、尝试、协作、观察、记录、安全 |
| 步骤四 | 分享感受，反思应用，认同团队价值 | 学生深思，期待实践 | 分享、反思、应用、引导、总结、期望 |

在活动过程中，学生可能会表现出不同的情绪与行为反应，如紧张、害怕、兴奋、支持等。教师需根据学生的表现给予适当的引导与鼓励：

对于紧张或害怕的学生，教师可以给予积极的心理暗示，如“你一定能行”“我们都在支持你”等，帮助他们克服恐惧心理。

对于积极参与并表现出色的学生，教师可以给予及时的表扬与肯定，如“你做得太棒了”“真是令人感动的一幕”等，以增强他们的自信心与成就感。

在分享环节，教师需要引导学生深入思考信任与团队协作的重要性，并鼓励他们提出自己的见解与建议。同时，教师也要对学生的分享给予积极的反馈与总结，以帮助他们更好地理解和应用所学知识。

## 六、活动准备与注意事项

（1）活动准备。

1）确保活动空间宽敞且安全，避免学生在游戏中受伤。

2）提前与学生沟通活动规则与安全注意事项，确保他们了解并遵守。

3）根据学生人数与场地条件，合理划分小组，确保每位学生都能积极参与。

（2）注意事项。

1）在游戏过程中，教师要密切关注学生的安全情况，及时制止任何可能导致学生受伤的行为。

2）鼓励学生相互支持与鼓励，避免任何形式的嘲笑或贬低行为。

3）在分享环节，尊重学生的意见与感受，避免过度干涉或引导。

## 七、活动效果评估与反馈

（1）评估方式。

1）观察学生在游戏中的表现与参与度，评估他们对信任与团队协作的理解与应用情况。

2）收集学生的分享与反馈意见，了解他们对活动的满意度与建议。

3）通过课后问卷或访谈等方式，进一步了解学生在活动中的收获与成长。

（2）反馈方式。

1）根据评估结果，对活动进行总结与反思，找出存在的问题与不足。

2）针对学生的反馈与建议，对活动进行改进与优化，提升活动的质量与效果。

3）将评估结果与反馈意见分享给相关的教学团队与领导，以便在未来的教学中更好地应用与推广此类活动。

**【思考】**

（1）在实际工作中，新员工如何通过具体行动建立与同事之间的信任，从而更好地融入团队？

________________________________________

________________________________________

________________________________________

（2）在实际工作中，新员工如何通过观察和沟通，快速明确自己在团队中的角色，并为团队贡献价值？

________________________________________

________________________________________

________________________________________

## 启思导行

请制订一份自己融入团队的计划，包括自我分析、设定目标、制订行动计划，并通过实际操作、记录进展、反思调整来深化本节课知识点，最终撰写成果总结并分享交流。

# 第六章 问题伴我成长

自古以来，中华民族便以智慧与勇气面对挑战，从“愚公移山”的坚韧不拔，到“司马光砸缸”的机智变通，再到“诸葛亮巧借东风”的审时度势。问题，这个看似让人头疼的词汇，实则蕴含着成长的无限可能。理解问题的本质，认识到问题只是成长道路上的垫脚石，而非绊脚石。学习并运用多种问题解决工具和方法，正视情绪与问题的关系，用积极的心态面对挑战，在解决问题的过程中积累内心的丰厚与从容。

面对职场中的种种挑战，我们将深入探讨如何重塑问题观，将问题视为成长的阶梯；学习并运用高效的问题解决策略，提升个人与团队的应对能力；同时，重视情绪管理，保持冷静与积极，让每一次问题解决都成为内心的历练。通过这些知识与技能的积累，我们不仅能够在未来职业生涯中更加从容地面对挑战，更能在社会与职业素养的成长道路上展现出更加成熟、自信的风采，让每一个问题都成为推动个人与企业共同成长的宝贵财富。

# 第一节　问题的重新界定

在我们的生活与职业道路上，问题似乎无处不在，它们以各种形式出现，或大或小，或简单或复杂。然而，我们对待问题的态度，往往决定了我们能否超越它们，甚至从中发现新的机遇。本章我们将一起踏上一场关于“问题”的深度探索之旅，通过一系列精心设计的活动，我们将重新界定问题，改变对问题的固有看法，学会以更加积极和创造性的方式去面对和解决问题。

**职场故事**

### 从问题到机遇

在一家初创企业中，市场部经理小李面临一个棘手的问题：公司的产品在市场上知名度不高，销售额持续低迷。面对这一挑战，小李没有选择逃避或抱怨，而是将问题视为一个机遇。他带领团队深入市场调研，分析竞争对手，最终提出了一项创新的营销策略。通过社交媒体推广、线上线下联动和客户口碑营销，公司的产品逐渐在市场上崭露头角，销售额大幅提升。

**【思考】**

（1）小李是如何扭转局势的？

______________________________

______________________________

______________________________

（2）小李是如何看待职场中的问题的？

______________________________

______________________________

______________________________

## 一、认识问题

### （一）了解问题

**活动与思考**

学生分组，每个小组成员将自己在小学阶段、中学阶段遇到的问题写在纸上，汇总，并做好分享准备。

**【思考】**

（1）你在不同的人生阶段遇到过什么样的问题？

______________________________

______________________________

______________________________

（2）不同的小组提出的问题中有哪些相同点和不同点？

______________________________

______________________________

______________________________

问题遍及我们的公共生活、职业生活、家庭生活和个人生活中。不管我们是否意识到，我们每天都在面对问题。需要回答或解释的题目，例如数学题、科学问题等；需要研究讨论并加以解决的矛盾、疑难，如团队合作中的冲突等；需要处理的事故或麻烦，如工作中的突发事件等。

同时，问题在不同情境以及不同年龄阶段的表现也有所差异。在学校中，学业问题或人际冲突是我们常面临的问题；进入职场，可能会面临更多的问题，如理想与现实的差距、所学专业知识和专业技能与岗位要求不匹配、同事之间的人际交往与想象中的不同等。在人生的旅途中，无论是孩童时期的学业困惑，还是青春期的心理波动，或是踏入职场后遇到的每一个事件，都不可避免地对个人形成各种挑战。这些问题可能源于外部环境的变化，如家庭、学校、社会等各方面的压力，也可能源于内心的矛盾和挣扎，如自我认知的模糊、价值观的冲突等。问题是生活的一部分，每个人的成长道路上，都可能会遇到各式各样的问题。

问题作为多种信息和现象的反映，是由不同的情境决定的，在不同的领域和情境中都有其特定的含义和作用。问题可以表现为对某个主题、概念或现象的不理解或疑惑，例如不会解的数学题。这些问题也反映了人们的需求或期望。例如，当一个人提出“如何提高我的工作效率?”这样的问题时，他实际上是在表达对提高工作效率的需求。

在许多情况下，问题被视为一种挑战，但同时也可能隐藏着机遇。解决这些问题可能需要创新、创造力和新的思维方式，从而带来新的机会和发展。

在组织或系统中，问题可能揭示出流程、制度或政策上的不足。这些问题促使人们审视现有的系统和流程，寻找改进和优化的方法。在技术和科学领域，问题往往推动着创新和进步。例如，可以分区的洗衣机，可以折叠的手机屏幕等。科学家们通过提出问题并寻求答案来推动科学的发展，而技术人员则通过解决问题来改进和优化技术。例如新能源汽车所装备电池的发展历程。

从广义上来说，问题是对某一事物或现象的疑问、不解或需要解决的事项。它表现为不确定性或无知状态，需要寻求信息、答案、方法或策略来解决。从狭义上讲，问题是一个存在的差距，即现状与期望状态之间的差异。以过河为比喻，即由此及彼，现状是河的此岸，期望状态是河的彼岸，而问题就是由现状达到期望状态的差距或障碍。

### （二）定义问题

**活动与思考**

**撕纸游戏**

活动步骤：

（1）学生根据老师的指令在规定时间内按照要求撕纸（如撕成正方形、长方形等）。

（2）教师改变指令，学生根据新的要求继续撕纸（如将之前的形状再撕成更小的形状）。

（3）学生展示并分享自己的作品，讨论不同指令下撕纸的结果及其背后的原因。

**【思考】**

（1）为什么大家撕得不一样？

______________________________

______________________________

______________________________

（2）如果再撕一次，如何才能让所有人保持一致？

______________________________

______________________________

______________________________

问题是我们日常生活中不可或缺的一部分，它们不仅是对我们智慧的考验，更是推动个人成长、促进社会进步与创新的重要动力源泉。问题以多种形式出现，有的简单明了，有的则复杂多变，它们植根于不同的情境之中，要求我们根据具体情况灵活应对。

面对这些纷繁复杂的问题，每个人的处理方式都显得独一无二，这很大程度上源于个体间的认知差异、积累的经验、所具备的能力以及各自的思维模式。面对相同的问题，有些人可能倾向于运用逻辑分析和理论知识来深入剖析，他们善于将问题拆解成若干个小部分，逐一分析每个部分的原因和影响，从而找到最为直接和有效的解决方案。这种方法的优势在于其准确性和高效性，能够帮助人们在短时间内迅速定位问题并予以解决。

另一些人则可能更依赖于过往的实践经验，他们通过类比或试错法来逐步逼近答案。这些人可能更注重实践经验，他们认为“实践是检验真理的唯一标准”。在面对问题时，他们会回想过去类似的情况，从中汲取经验教训，或者通过不断尝试和修正来找到最佳解决方案。这种方法虽然可能耗时较长，但他们往往能够发现一些意想不到的解决方案，因为实践中的意外发现往往能激发新的灵感。

还有一些人凭借创新思维，敢于跳出传统框架，探索前所未有的解决路径。他们不拘泥于现有的方法和思路，敢于挑战常规，寻求突破。在面对问题时，他们能够从不同的角度进行思考，将看似无关的领域进行跨界融合，从而找到全新的解决方案。这种方法的独特之处在于其创造性和颠覆性，能够带来颠覆性的创新和变革。

无论采用哪种方式，重要的是我们要根据问题的具体情境和自身的实际情况来选择最合适的处理方法。同时，我们也应该保持开放的心态，不断学习和尝试新的方法和思路，以更好地应对各种挑战和问题。在不断解决问题的过程中，我们不仅能够提升自己的能力和智慧，还能够不断推动社会的进步和创新。

从解决问题的方式上深入分析，问题主要由以下三个核心要素紧密构成：问题的现状、问题的目标，以及连接这两者的关键桥梁——问题的差距。

作为问题存在的基石，问题的现状详尽地描述了当前所处的情况或状态。它不仅是我们理解和分析问题的起点，更是制定解决方案不可或缺的参考点。现状为我们揭示了问题的真实面貌，让我们能够清晰地看到问题的来龙去脉，从而为我们提供了解决问题的出发点。

问题的目标是我们解决问题后所期望达到的理想状态或结果。一个明确、具体且可衡量的目标，如同指引我们前行的灯塔，确保我们在解决问题的过程中始终沿着正确的方向前进。它不仅能够激励我们不断前行，还能让我们在解决问题的过程中保持清醒的头脑，以便对解决方案的效果进行客观的评价，确保问题得到真正的解决。

问题的差距是连接现状与目标的桥梁，它指出了现状与目标之间的明显差异。通过对比现状和目标，我们能够清晰地看到问题所在，从而明确我们需要努力的方向。这种差距不仅为我们提供了制定解决方案的依据，还让我们在解决问题的过程中能够有的放矢，避免盲目行动。

问题的本质，实际上就是我们在生活中遇到的各种挑战或障碍，它们以不同的形式在特定情境下呈现出来。这些挑战可能是突如其来的，如工作中的紧急任务、学习中的棘手问题、人际关系中的冲突与矛盾等；也可能是长期存在的困境，如职业规划的迷茫、情感生活的波折、健康状况的下滑等。无论是哪种情况，这些问题都以其独特的方式考验着我们的智慧、勇气和应对能力。

在人生的旅途中，问题如同路上的石子，或大或小，或明或暗，时刻提醒着我们前行的艰辛与不易。然而，正是这些问题，才构成了我们人生路上最宝贵的财富。因为它们不仅让我们学会了如何面对挑战，更让我们在解决问题的过程中不断成长和进步。

正视问题，意味着我们不仅要敢于面对挑战，更要以积极的态度和有效的方法去探索和解决问题。这需要我们具备敏锐的洞察力，能够准确地识别问题的本质和关键所在。同时，还需要我们拥有坚定的信念和勇气，敢于迎难而上，不畏艰难险阻。只有这样，我们才能在解决问题的过程中不断成长，不断超越自我，最终走向成功的彼岸。

## 职场故事

在一所中等职业学校里，小李和小张是同班同学，也是同一家公司的实习生。他们被分配到了公司的市场部，负责新产品的市场推广工作。在初期，他们遇到了一个共同的问题：新产品的市场接受度不高，销量远远低于预期。

小李面对这个问题时，他认为这是产品本身的问题，是公司决策失误的结果，自己作为实习生无能为力。于是，他每天只是按部就班地完成一些基础性的工作，没有积极地去寻找解决问题的方法。

小张则选择了主动面对问题。他首先通过充分的市场调研收集了市场数据，发现目标受众对产品功能的认知度不够高，而且竞争对手的宣传力度很大。于是，他主动向市场部经理提出了几个改进建议，包括增加产品的线上宣传力度、优化产品介绍文案，以及与目标客户群体进行更深入的互动等。

经理对小张的建议表示赞赏，并让他负责实施这些改进措施。经过一段时间的努力，新产品的市场接受度逐渐提高，销量也有了明显的增长。小张因此得到了公司的认可和奖励，而小李则因为缺乏主动解决问题的能力和积极性，实习期满后没有被公司留用。

**【思考】**

（1）小李和小张在面对同样的问题时，为什么会有截然不同的结果？

______________________________

______________________________

______________________________

（2）如果你是小李，你会如何调整自己的态度和行为，以更好地应对职场中的问题？

______________________________

______________________________

______________________________

## 二、正视问题

当面对问题时，不同的态度会导致截然不同的行动和结果。消极的态度会让人倾向于逃避或忽视问题的存在，这种逃避心理或许能带来短暂的安逸，但从长远来看，问题只会像滚雪球一样越滚越大，最终变得难以解决。逃避问题不仅无法让问题消失，反而可能让问题变得更加复杂和棘手，甚至可能引发连锁反应，带来更大的负面影响。

相反，当面对问题时，积极的态度会让人主动寻求解决方案，而不是逃避或忽视。这种积极的心态会让人保持冷静和理性，从而能够更全面地分析问题，找出问题的根源和关键点。积极面对问题的人，会勇于承担责任，不推卸、不抱怨，而是主动寻找解决问题的方法，努力克服困难，实现个人和团队的共同成长。

在职场生活中，我们除了要面对和解决个人的问题，往往还会涉及团队问题。这时，善于与他人合作，共同寻找解决问题的方法就显得尤为重要。懂得团结就是力量，通过集思广益，汇聚更多的智慧和资源，我们可以更有效地解决问题。团队合作不仅能够提高解决问题的效率，还能增强团队凝聚力和协作能力，为未来的工作打下坚实的基础。

在团队合作中，我们需要学会倾听他人的意见和建议，尊重每个人的想法和贡献。通过有效的沟通和协作，我们可以共同分析问题，制定解决方案，并在实施过程中相互支持和监督。同时，我们也要学会在团队中发挥自己的优势，为团队贡献自己的力量。

此外，面对问题时，我们还要学会从多个角度和层面去审视和解决问题。这需要我们具备创新思维和跨界思维，敢于打破常规，勇于尝试新的方法和思路。通过不断探索和实践，我们可以发现更多解决问题的可能性，为问题的解决提供更多的选择和方案。

在解决问题的过程中，我们还要善于整合和利用资源。这包括个人资源、团队资源和外部资源。通过合理利用这些资源，我们可以为问题的解决提供更多的支持和保障。同时，我们也要学会在有限的资源下找到最优解，这需要我们具备全局思维和资源管理能力。

总之，面对问题时，积极的态度和有效的应对策略是我们解决问题的关键。我们要勇于面对挑战，敢于承担责任，积极寻求解决方案，并在团队合作中发挥自己的优势。通过不断探索和实践，我们可以不断提升自己的解决问题能力和团队协作能力，为未来的工作和生活打下坚实的基础。在人生的旅途中，问题如同路上的石子，或大或小，或明或暗，时刻考验着我们的智慧与勇气。正视问题，意味着我们不仅要敢于面对挑战，更要以积极的态度和有效的方法去探索和解决问题。

正视问题，首先是一种成熟与担当的体现。在生活和工作中，我们难免会遇到各种困难和挑战，这些问题可能源自个人能力的局限、团队协作的摩擦，或是外部环境的变化。然而，选择逃避或忽视问题，只会让问题愈发严重，甚至引发更大的危机。相反，正视问题，勇于承担责任，积极寻求解决方案，不仅能够帮助我们及时止损，还能在解决问题的过程中提升自我，实现个人成长和价值的提升。此外，正视问题也是创新与进步的源泉。许多伟大的发明和变革，都源于对问题的深入探索和解决。当我们正视问题，不再满足于现状，而是敢于质疑、勇于尝试，就有可能激发出前所未有的创新思维，推动个人、组织乃至社会的进步。

尽管正视问题具有诸多积极意义，但在实际操作中，我们也面临着诸多挑战。一是心理层面的挑战。面对问题时，人们往往会产生焦虑、恐惧等负面情绪，这些情绪可能会阻碍我们的思考，影响我们作出正确的决策。二是认知层面的挑战。问题往往具有复杂性和不确定性，需要我们具备全面的知识、敏锐的观察力和深刻的洞察力，才能准确识别问题的本质和根源。三是资源层面的挑战。解决问题往往需要投入时间、精力、金钱等资源，而这些资源往往是有限的，如何在有限的资源下找到最优解，是我们需要面对的一大挑战。

## 活动与思考

### 鸵鸟心态测试

**问题一：**刚出家门不久，看到空中飘着毛毛细雨，你会怎么做？

A. 立即跑回家拿伞

B. 直接出门，遇到大雨再想办法

C. 看身上的钱够不够买伞再做决定

D. 犹豫一段时间，还是回家拿伞

**问题二：**盘中有四种蔬菜，最吸引你的是哪种颜色的蔬菜？

A. 红色的蔬菜　B. 紫色的蔬菜

C. 绿色的蔬菜　D. 白色的蔬菜

**问题三：**想象一只鸵鸟在你面前，最明显的是哪个部位？

A. 鸵鸟的头　B. 鸵鸟的翅膀

C. 鸵鸟的屁股　D. 地上的沙

**问题四：**手中有一本书和一张纸，你认为哪一个的版面较大？

A. 书的版面比纸大　B. 书的版面比纸小

C. 两个版面一样大　D. 无法比较

**问题五：**和朋友一起去买东西，发现没有零钱时，你会怎么做？

A. 请老板想办法找零　B. 先到隔壁店家换钱再买

C. 不买了　D. 先向朋友借钱

**问题六：**现在回想昨天发生的事，你能回想起几件事？

A. 1～2 件　B. 3～4 件

C. 5～6 件　D. 7 件以上

正视问题，无疑是需要勇气与智慧的，它要求我们在面对挑战时，不仅要保持冷静的头脑，更要展现出勇于担当的精神。我们深知，每一个问题背后都隐藏着成长的机会。因此我们不会选择逃避或忽视，而是会以积极的态度和有效的方法，去深入探索和解决问题。

在前进的道路上，我们难免会遇到各种各样的问题。问题，就像是一面镜子，它不仅映照出我们的不足之处，更揭示了我们潜在的成长空间和无限可能。正是这些挑战和问题，让我们在不断尝试与反思中，逐渐构建起一个更加坚实、全面的知识体系，并锤炼出解决问题的强大能力。

每一次面对问题的挑战，都是对我们智慧与勇气的双重考验。它要求我们不仅要具备独立思考的能力，还要学会冷静分析，作出明智的决策。在这个过程中，我们可能会遭遇失败，可能会面临困境，但正是这些经历，让我们学会了如何在逆境中坚持，如何在困难面前不屈不挠。我们汲取失败的教训，积累成功的经验，每一次的尝试与反思，都让我们更加成熟、更加坚韧。

同时，问题也是我们锤炼毅力与决心的熔炉。在解决问题的过程中，我们需要付出时间、精力和耐心，需要不断尝试、不断调整，直到找到最佳的解决方案。这种坚持不懈的精神，正是我们成长道路上不可或缺的宝贵财富。它让我们在面对困难时更加坚定，让我们在追求目标时更加执着。

此外，问题还促进了我们思维方式和应对机制的形成与完善。在不断尝试与反思中，我们逐渐形成了自己独特的思考方式和解决问题的策略。我们学会了如何从多个角度审视问题，如何运用创新思维和跨界思维来寻找解决方案。这些宝贵的经验和智慧，将成为我们未来面对更多挑战时的有力武器。

综上所述，正视问题不仅是一种勇气与智慧的体现，更是我们成长道路上不可或缺的助力。它让我们在解决问题的过程中不断成长，实现个人价值的提升和社会的共同进步。因此，让我们勇敢地面对每一个挑战，用智慧和勇气去书写属于自己的精彩篇章。

## 拓展阅读

路漫漫其修远兮，吾将上下而求索。

——战国·屈原《离骚》

千磨万击还坚劲，任尔东西南北风。

——清·郑燮《竹石》

## 启思导行

1. 反思与总结

回顾本节课的学习内容，思考自己对待问题的态度是否有所改变，是否学会了从不同角度和层面去分析和解决问题。

2. 实践应用

在日常生活中，尝试运用本节所学的方法去分析和解决遇到的问题。记录自己的思考过程和解决方案，与其他同学分享并讨论。

3. 持续学习

阅读相关书籍、文章或观看视频，深入了解不同问题的解决方法，不断提升自己的问题解决能力。

# 第二节 重构看待问题的心智模式

在复杂多变的现代社会中，学生们常常面临各种问题和挑战。解决问题不仅仅关乎技能和方法，更在于我们如何看待问题以及对待问题产生的情绪阻力。一个清晰、积极且灵活的心智模式，能够帮助学生更好地适应新情况、解决新问题。本课旨在引导学生重构看待问题的心智模式，培养积极的心态和情绪管理能力。通过学习和实践，我们将学会如何识别并克服情绪阻力，以更加成熟和专业的姿态应对生活中的挑战。让我们携手共进，不断提升自己的职业素养和综合能力，为未来的职业发展打下坚实的基础。

## 职场故事

叶小琼第一天上班因领员工卡而没能及时赶上部门会议，迟到了的叶小琼很尴尬；第二天叶小琼的师傅李晓梅有事晚来，领导非但没有批评李晓梅的“迟到”行为，还高度赞赏李晓梅解决问题的综合能力。这让叶小琼很难理解，也有了自己的小情绪。

**【思考】**

（1）从叶小琼对师傅李晓梅“迟到”却受表扬的反应中，我们可以看出是什么差异导致了她的不解？

______________________________

______________________________

______________________________

（2）叶小琼的小情绪会影响她未来在职场上的行为吗？

______________________________

______________________________

______________________________

## 一、心智模式

### （一）认识心智模式

心智模式，又称心智模型，是我们内心深处关于世界运作方式的一系列假设、形象和故事。这些假设和故事以潜在的形式存在，并深刻地影响我们如何理解自己、他人、组织及周围世界的各个方面。简而言之，心智模式是我们认知世界的“滤镜”，它决定了我们如何看待事物、如何作出决策以及采取何种行动。心智模式包含了我们对世界的既有认知，这些认知以假设、成见、图像、印象等形式存在，它们构成了一个相对固化的情感认识模式。

进一步来说，心智模式并非一成不变，它深受我们的习惯思维、定式思维以及已有知识的局限。这意味着，我们的心智模式可能会阻碍我们的进步和成长，尤其是当它与现实情况不符时。因此，我们需要学会审视自己的心智模式，发现其中的不足和局限，进而进行必要的调整和完善。通过不断学习、实践和反思，我们可以逐渐优化自己的心智模式，使其更加符合现实情况，从而更好地适应环境的变化，实现个人和组织的持续发展。

对于中职生而言，这种对心智模式的主动管理和优化，构成了职业素养提升过程中一个至关重要的组成部分，同时也是决定我们在未来职场竞争中能否获得显著优势的核心要素。在快速变化的职业环境中，一个清晰、积极且灵活的心智模式，能够帮助我们更好地适应新情况、解决新问题，从而在职业生涯中稳步前行。

主动管理心智模式，意味着我们要有意识地审视自己的思维习惯、认知框架和应对方式，及时发现并纠正那些可能阻碍我们成长和发展的消极因素。这包括培养乐观的心态、增强自我控制能力、学会从不同角度思考问题等。通过这些努力，我们能够更加自信地面对挑战，更加有效地利用资源，从而在职业生涯中展现出更强的竞争力和适应性。

同时，优化心智模式也是提升职业素养的关键一环。一个经过优化的心智模式，能够使我们更加敏锐地捕捉市场趋势、把握行业动向，从而在职业发展中抢占先机。此外，它还能够帮助我们更好地与他人沟通协作，建立和谐的人际关系，为职业生涯的顺利发展奠定坚实的基础。

作为中职生，我们应该高度重视心智模式的主动管理和优化，将其视为职业素养提升的重要组成部分，并努力将其融入日常学习和实践中去。只有这样，我们才能在未来的职场竞争中立于不败之地，实现个人价值的最大化。这种对心智模式的主动管理和优化，是职业素养提升的重要组成部分，也是我们在职场竞争中取得优势的关键。

### （二）心智模式影响未来行为

**活动与思考**

#### 心智之桥

活动步骤：

（1）每组4～5人，并随机抽取一张小纸条，确定本组的心智模式角色（积极灵活、消极僵化、开放包容、封闭偏见）。

（2）各组的任务是在限定时间内（如5分钟），使用一张A4纸搭建一座桥梁，使一个小物体（如乒乓球）能够从“起点”成功滚落到“终点”而不掉落。

（3）在规定时间内，各组展示他们的桥梁，并尝试让乒乓球滚过。根据桥梁的稳定性、创意和乒乓球的成功滚落率进行评分。

**【思考】**

（1）不同小组在解决问题时有什么差异？

______________________________

______________________________

______________________________

（2）积极灵活和开放包容的心智模式是如何促进创新和合作的？

______________________________

______________________________

______________________________

心智模式作为我们内心深处对世界、自我及他人认知的框架，对未来行为具有深远且根本性的影响。它如同我们行动的内隐指南，决定了我们如何解读情境、评估风险以及作出选择。心智模式决定了我们面对挑战时的态度和行动。一个积极、灵活的心智模式使个体在面对困难和挑战时，能够保持冷静、乐观的态度，寻找解决问题的策略，不断尝试和创新。这样的个体更可能采取主动、积极的行动，将挑战视为成长的机会。相反，一个消极、僵化的心智模式可能导致个体在面对挑战时产生恐惧、逃避的心理，限制了个体的行动和成长。因此，心智模式不仅决定了我们如何看待问题，更决定了我们如何解决问题，从而影响我们的未来行为和成就。

心智模式还对我们的人际交往能力和团队合作能力有着深远的影响。一个开放、包容的心智模式使个体更容易理解他人的观点和感受，促进有效的沟通和协作。这样的个体更擅长建立和谐的人际关系，增强团队凝聚力，推动项目的成功。而一个封闭、充满偏见的心智模式则可能导致个体在人际交往中产生误解和冲突，影响团队合作和项目的进展。因此，通过培养积极、开放的心智模式，我们可以提升人际交往能力，增强团队合作能力，为未来的职业发展打下坚实的基础。因此，心智模式对未来行为的影响是深远且全面的。它不仅决定了我们面对挑战时的态度与行动，更影响着我们的人际交往和团队合作能力。我们应该重视心智模式的塑造与培养，通过不断学习和实践，提升自己的职业素养，为未来的职业发展做好充分准备。

### （三）情绪变色板

#### 活动与思考

活动步骤：

（1）各组回顾并记录在过去特定时间段内，按时间顺序发生的 4 件最开心的事与 4 件最不开心的事。

(2) 依据这些事所引发的情绪强度，在情绪起伏图上标记出相应的情绪点，其中情绪的高涨与低落通过图表上的位置高低直观体现。

(3) 各组成员将这些情绪点用线条相连，形成一条连续的情绪曲线，共同绘制出反映小组情绪变化的“人生情绪版图”。

**【思考】**

(1) 在绘制“人生情绪版图”的过程中，哪些因素会影响情绪？

____________________

____________________

____________________

(2) 在面对不开心的事时，采取了哪些具体措施来缓解负面情绪，这些措施是否有效？

____________________

____________________

____________________

解决问题与情绪管理之间存在着紧密而深刻的联系。在日常生活中，我们时常会遇到各种挑战和问题，这些问题往往伴随着情绪反应，如焦虑、沮丧或兴奋。有效的情绪管理能够帮助我们冷静地分析问题，避免情绪冲动导致的错误决策。当我们能够识别并妥善处理自己的情绪时，便能更加清晰地看到问题的本质，从而采取更加理智和有效的解决策略。

情绪管理不仅关乎个人心理健康，也是职业素养的重要组成部分。在职场环境中，面对复杂的工作任务和人际关系，良好的情绪管理能力能够使我们保持冷静和专注，提高工作效率，增强团队协作能力。同时，它还能帮助我们建立积极的工作态度，增强面对困难时的韧性和适应力。因此，掌握情绪管理技巧，将情绪转化为解决问题的动力，是提升个人职业素养、实现职业发展的重要一环。通过不断学习和实践，我们可以更好地平衡情绪与理智，以更加成熟和专业的姿态应对职场挑战。

学习客观看待情绪的产生，不放大情绪的影响，是提升职业素养的关键一环。首先，要认识到情绪是自然的生理和心理反应，每个人都有情绪起伏，这是正常的。当情绪来临时，不妨先深呼吸，冷静观察自己的情绪状态，而不是立刻被情绪所左右。其次，学会区分情绪与事实，不要让情绪影响自己对事件的客观判断。可以通过记录情绪日记的方式，分析情绪产生的原因，逐渐学会理性思考。此外，采用积极的情绪调节策略，如运动、冥想、与朋友倾诉等，有助于缓解负面情绪，避免情绪被过度放大。记住，情绪不是敌人，学会与之和谐共处，用理智指导行动，是职场中不可或缺的能力。

## 做一做

### 情绪调控接力

活动步骤：

（1）各组轮流抽取情绪卡片（如“快乐”“愤怒”“焦虑”等），抽到卡片的同学需在5秒内通过深呼吸、正面思维或简短言语迅速调整至卡片所示情绪的对立面（如“快乐”转为“平静”）。

（2）传递“情绪调控棒”（可用任何小物件代替）给下一位同学继续挑战，看哪一组能最快完成所有情绪转换且保持团队氛围积极，以此锻炼心态与行为的快速调整能力。

防止情绪滞留，其精髓在于学会有效地释放与超越自我情绪的束缚。在人生的旅途中，我们无时无刻不在面对着各种各样的情绪体验，无论是生命中的欢乐与喜悦，还是难以避免的挫败与悲伤，这些情绪都如同潮水般起伏不定，影响着我们的心境与行为。关键在于，我们必须保持一颗警觉的心，不让这些情绪成为衡量我们当下生活质量的唯一参照系。

当情绪如同不期而遇的风暴来临时，我们应当学会及时表达与分享。喜悦时，不妨与亲朋好友共同欢庆，让这份快乐在交流中倍增；悲伤时，也不要吝啬自己的眼泪与倾诉，通过真诚的交流让内心的情绪得以流动，避免它们在心中淤积成疾，最终成为难以释怀的心结。

与此同时，培养一种积极的自我对话方式也是至关重要的。我们需要学会用正面的思维去替代消极的抱怨，时刻提醒自己，情绪只是暂时的波动，它不应成为我们前进道路上的绊脚石。当能够以一种更加平和与理性的态度去面对情绪时，我们就会发现，那些曾经看似难以逾越的情绪障碍，其实只是生命长河中的一朵朵浪花，终将随着时光的流逝而归于平静。

为了更有效地防止情绪滞留，我们还可以设定明确的目标与计划，将注意力转移到实现个人成长和职业发展的实际行动中去。通过不断的学习、实践与反思，我们可以逐渐提升自己的能力与素质，让行动的力量成为驱散情绪阴霾的强大武器。每一次的努力与付出，都将是我们向更高层次迈进的坚实步伐。

最后，让我们铭记在心：每一次情绪的起伏都是成长的机会。学会从中汲取力量，不断前行，我们才能逐渐拥有更加充实和丰盈的人生。在这个过程中，我们不仅会变得更加坚韧与勇敢，还会发现，原来生活的美好与意义，就藏在这些看似微不足道的情绪起伏与成长之中。

## 拓展阅读

情绪的ABC理论是由美国心理学家艾伯特·艾利斯提出的。该理论认为，情绪反应并非直接由外部事件（A）引发，而是由个体对这些事件的认知和评价（B）

所决定，最终产生情绪和行为后果（C）。其中，A代表诱发事件，B代表个体的信念系统，C代表由此产生的情绪和行为结果。简单来说，同一事件对于不同个体而言，可能因其信念系统的差异而产生截然不同的情绪和行为反应。这一理论强调了个体内部认知过程对情绪和行为的影响，为情绪管理提供了重要视角。

**职场故事**

在繁忙的财务部门，小张面对着一堆复杂的账目，心里十分慌乱，错误频出。眼看截止日期逼近，焦虑如潮水般涌来。小张心想："我永远也做不完，会被上司责骂。"这种情绪让他陷入了低效的循环。

这时，同事小李走过来，轻轻拍了拍他的肩："别急，一步步来，我们一起解决。"小李的乐观态度像是一股清流，让小张意识到，情绪才是影响效率的关键。他深呼吸，调整心态，效率大幅提升，最终按时完成了任务。

**【思考】**

（1）面对任务，小张和小李分别有怎么样的情绪？

______________________________

______________________________

______________________________

（2）情绪是否会对解决问题产生影响？

______________________________

______________________________

______________________________

## 二、调控情绪模式

情绪模式这一内在的心理机制，犹如我们内心深处的一把钥匙，它拥有开启不同问题解决之门的神奇力量。在日常生活中，我们时常会面临各种各样的挑战与难题，而情绪模式则如同指引我们前行的灯塔，照亮我们解决问题的道路。

当我们处于快乐、平静的情绪状态时，这把钥匙仿佛被镀上了一层金光，闪耀着智慧与创造力的光芒。在这样的情绪模式下，我们能够轻松地找到问题的症结所在，犹如拨云见日，让困扰我们的难题瞬间变得清晰明了。这是因为积极的情绪能够拓宽我们的思维视野，让我们在思考问题时更加灵活多变，充满创意与灵感。我们不再局限于传统的思维模式，而是敢于尝试新的方法，勇于探索未知的领域，从而找到更加有效且独特的解决方案。

然而，当我们陷入焦虑、沮丧的情绪泥潭时，这把钥匙仿佛被岁月侵蚀，变成了一把生锈的铁钥匙。在这样的情绪状态下，我们面对问题时往往会感到举步维艰，仿佛被一层无形的障碍所阻挡，无法找到突破的路径。这是因为消极的情绪会束缚我们的思维，让我们变得固执己见，缺乏耐心与毅力。我们可能会陷入消极的思维循环中，无法自拔，甚至对解决问题产生恐惧与逃避的心理。

因此，要想有效地解决问题，我们必须学会调整自己的情绪模式，让自己时刻保持积极、乐观的心态。这并不意味着我们要完全避免消极情绪的出现，而是要学会在情绪来临时，以更加平和与理性的态度去面对它、接纳它，并从中汲取成长的力量。我们可以通过深呼吸、冥想、运动等方式来缓解消极情绪带来的压力，让自己的内心回归平静与安宁。同时，我们也可以积极寻求他人的帮助与支持，与他人分享自己的困惑与烦恼，从而得到更多的建议与鼓励。

当能够自如地调整自己的情绪模式时，我们就会发现，原来解决问题的道路并不遥远，而是被我们内心的情绪所阻碍。只有当我们拥有一把闪闪发光的金钥匙时，才能够轻松地打开那扇通往成功与幸福的大门。因此，让我们从现在开始，学会调整自己的情绪模式，保持积极、乐观的心态，勇敢地面对生活中的每一个挑战与机遇吧！

## 活动与思考

### 内心导师

活动步骤：找一个安静的地方，闭上眼睛，深呼吸，放松身心。想象自己面前站着一位智慧、耐心的导师，这位导师就是你内心的真实期望与力量的化身。用“我内心的导师告诉我……”作为开头，说出你原本可能会有的消极想法（例如：“我做不到”），然后立刻转换成导师的积极回应（例如：“你一定可以，尝试一步步来”）。在导师的积极引导下，思考并说出你接下来要采取的具体行动（例如：“我会先从小目标开始，一步步实现”）。睁开眼睛，记录下这次“内心对话”的感受，以及你决定采取的行动步骤。

**【思考】**

（1）在这次“内心对话”中，你感受到了什么变化？

______

______

______

（2）根据你内心导师的引导，你决定采取哪些具体的行动来实现你的目标或改变？

______

______

______

在解决问题的复杂旅程中，我们往往会首先被“会不会”的技术性疑问所困扰，仿佛这是横亘在我们前进道路上的第一道关卡。然而，深入探究之后，我们会发现，真正决定我们能否跨越障碍、解决问题的，并非仅仅是技术能力的高低，更在于我们如何对待和处理在尝试过程中产生的种种情绪阻力。对于正处于职业生涯起点的中职学生而言，培养良好的心态，以积极、坚韧的态度去面对问题，并主动寻求有效的解决方案，无疑是提升个人职业素养、为未来职场生涯奠定坚实基础的关键一环。

负面情绪，如焦虑、沮丧乃至恐惧，常常被视作解决问题的“拦路虎”，它们似乎总是在我们最需要清晰思维的时候悄然降临，干扰我们的判断，削弱我们的决心。然而，如果我们能够转换视角，将这些负面情绪视为一种内在的信号灯，它们就不再是单纯的阻碍，而是变成了指引我们前行的灯塔。这些情绪的存在，实际上是在向我们发出警告，提醒我们当前所面临的挑战非同小可，需要我们付出更多的努力，去克服那些隐藏在问题背后的深层次困难。因此，面对这些情绪，我们应当学会的不是逃避或压抑，而是敏锐地察觉它们，深入地理解它们背后的真实含义，从而为我们找到更加精准的解决之道提供线索。

当然，我们并非要全盘否认情绪的存在及情绪对我们行为的影响。情绪作为人类心理活动的重要组成部分，其作用是复杂而影响深远的。但是，关键在于，我们必须学会如何有效地管理情绪，不让它们成为我们前进道路上的绊脚石。这并不意味着我们要完全摒弃情绪，变得冷漠无情，而是要认识到，情绪是可以被控制和引导的，我们可以成为自己情绪的主人，而不是被情绪所奴役。

当一个人掌握了情绪管理的技巧，学会在情绪波动时保持冷静，将注意力集中在解决问题的目标和下一步行动上时，他就能够更容易地克服内心的恐惧和不安，产生持续前进的动力。这种能力，不仅能够帮助我们更加高效地解决问题，提升工作效率，更是提升个人职业素养、增强综合能力的关键所在。它让我们在面对挑战时更加从容不迫，能够在复杂多变的职场环境中，保持稳定的心态，持续成长，不断突破自我，最终成为职场中的佼佼者。

## 启思导行

“西安奔驰女车主维权事件”：女车主因购买到问题车辆而情绪激动，她选择坐在奔驰车的引擎盖上哭诉，以此方式进行维权。这一举动迅速引起了公众的关注。当女车主坐在谈判桌前，面对奔驰女高管的官方说辞，她展现出了非凡的冷静与理智。她思路清晰、有理有据地阐述了自己的权益和要求，展现了出色的维权能力。最终，在相关政府部门和媒体力量的介入下，女车主顺利地打赢了这场维权战。

通过这个案例，我们可以深刻感受到，一个能够解决问题的人，不仅需要具备“掀桌子”的能力，即在必要时敢于站出来维权，更需要具备“不掀桌子的素养”，即在维权过程中保持冷静与理智，以合理合法的方式争取自己的权益。

在日常生活中，我们应该如何调整自己的情绪来解决问题呢？

# 第三节　解决问题的方法论

在人生的旅途中，我们无时无刻不在面对各种各样的问题。这些问题，无论大小，都是我们成长道路上不可或缺的磨砺石。解决问题的能力，不仅是衡量个人能力的标尺，更是职场成功的关键要素。本节课，我们将深入探索解决问题的方法论，通过一系列生动的职场故事、实用的技巧和深刻的职业化思考，学习如何高效地识别问题、分析问题，并最终找到解决问题的最佳路径。

职场故事

### 李明的职场初体验

李明初入职场，在一家广告公司实习。面对复杂的项目，他从不慌乱。他首先用思维导图理清任务脉络，再逐一分解，设定小目标。每天，他都会提前规划工作，确保高效推进。遇到难题，他主动请教同事，结合所学知识，创新解决。一次，客户紧急要求修改方案，李明迅速调整策略，加班加点，按时提交满意的作品。他的方法论能力，不仅赢得了同事的赞赏，也让他在职场上站稳了脚跟。李明深知，职场的每一步，都离不开清晰的规划和不懈的努力。

**【思考】**

李明为什么在职场上可以迅速站稳脚跟？

______

______

______

## 一、解决问题的方法论能力

方法论能力，就是我们遇到问题、处理事情时所用的方法和策略。它就像是一把钥匙，能帮助我们快速找到解决问题的途径。对于中职学生来说，培养方法论能力至关重要。这意味着我们要学会分析问题、制订计划、选择适当的方法，并有效地执行。比如，面对一项学习任务，我们要先明确目标，再分步骤实施，同时监控进度，最后总结反思。这种有条理、有策略的做事方式，能让我们更高效地完成任务，提升自我。

同时，方法论能力也是职场上的重要素养。具备这一能力的员工，能迅速适应环境，解决问题，为企业创造价值。因此，从现在开始，让我们有意识地培养自己的方法论能力，为未来的职业生涯打下坚实基础。

在人生的道路上，我们总会遇到各种各样的问题。这些问题或大或小，或简单或复杂，都是我们成长过程中的必经之路。在解决问题的过程中，我们不仅需要锻炼解决具体问题的专业能力，更需要在无形中累积一种看不见但至关重要的能力——方法论能力。

方法论能力的形成并非一蹴而就，而是需要我们在不断实践中积累经验，逐渐摸索出来的。当我们面对一个全新的、从未遇到过的问题时，如何快速找到切入点，如何制定有效的解决方案，这些都需要方法论能力的支撑。

问题虽然会给我们带来一些麻烦，但同时也是我们成长的催化剂。每解决一个问题，我们都从中获得了宝贵的经验，这些经验经过提炼和总结，就变成了我们解决问题的方法论。因此，我们可以说，问题伴我成长，而成长的能力之一就是不断积累解决问题的方法论。

对于中职学生而言，方法论能力的培养尤为重要。它不仅能提升我们的专业素养，还能增强我们的综合素质，使我们更好地适应未来的职场挑战。因此，我们应该珍惜每一次解决问题的机会，从中不断学习和成长，让自己的方法论能力日益精进。

## 活动与思考

### 成长阶段问题诊断工作坊

个人问题记录：

每位学生领取一张工作表，上面分为三个部分：小学阶段、初中阶段、高中阶段。请学生在每个部分列出自己在这个阶段遇到的问题，并尝试用一句话概括问题的核心。

小组问题诊断：

将学生分成若干小组，每组分配一名引导者。小组内轮流分享个人问题，其他成员作为“诊断师”，使用问题诊断工具（如因果图、鱼骨图等）帮助分析问题原因，并提出可能的解决方案。

全班分享与讨论：

每个小组选择1～2个问题，由小组代表在全班进行分享。分享内容包括问题的描述、诊断过程、原因分析以及提出的解决方案。全班学生共同讨论，提出补充意见或建议。

**【思考】**

在诊断问题的过程中，我们使用了哪些方法？这些方法是否有效？

______

______

______

## 职场故事

机电专业的小杰在汽修厂实习第一天就被叫去参加部门会议。轮到他做自我介绍时，他手心出汗，喉咙像被棉花堵住了，结结巴巴说完就低头盯着桌面。午餐时听到隔壁桌老员工轻笑，他立刻觉得是在嘲笑自己，便端着饭盒躲进了更衣室。师傅看到这些情况后，拍着他的肩膀说："小年轻紧张是正常的，下周客户接待跟着多看多学。"这时，小杰才稍稍放松了一些。

**【思考】**

（1）人际焦虑的主要来源是什么？

______

______

______

（2）克服人际焦虑需要掌握哪些关键方法？

______

______

______

## 二、聚焦问题

### （一）人际焦虑

人际焦虑这一心理现象，简而言之，是在个体与他人进行交往互动的过程中，所产生的一系列负面情绪体验，包括但不限于紧张、不安、深深的担忧以及恐惧等。这种焦虑情绪往往源自多个方面，其中最为显著的是对他人评价的过度关注。人们总是渴望在社交场合中表现出色，赢得他人的赞许与尊重，但正是这种过度的期望，使得我们在面对他人的评价时，容易产生自我怀疑与不安。同时，对自我表现的担忧也是人际焦虑的重要来源。我们担心自己的言行举止是否符合社会规范，是否能够赢得他人的认可，这种对自我形象的过度在意，往往让我们在人际交往中显得拘谨与不自在。此外，对未来交往结果的不可预测性也是引发人际焦虑的重要因素。我们无法预知每一次交往的结果，这种不确定性本身就会带来一种无形的压力，让我们在人际交往中感到焦虑与不安。

在人际交往这一复杂而微妙的过程中，每个人都渴望得到他人的认可、尊重与理解。这是人类作为社会性动物的基本需求之一。然而，当个体感到自己的言行可能受到他人的质疑、批评或排斥时，这种渴望就会转化为强烈的人际焦虑。这种焦虑情绪不仅会影响个体的情绪状态，让我们在社交场合中感到紧张与不安，还可能进一步干扰我们的正常社交功能。人际焦虑具体表现为社交回避、沟通障碍等问题。我们可能会因为害怕被拒绝或批评，而选择避免与他人交往，或者在与他人沟通时显得笨拙与尴尬，无法顺畅地表达自己的思想与情感。

人际焦虑并非一种罕见的心理现象，而是普遍存在于我们的日常生活中。几乎每个人都会在某个时刻，因为各种原因而体验到这种焦虑情绪。但关键在于，我们如何理解和应对这种焦虑。通过一系列积极的心理调适与技能提升，我们可以逐渐克服人际焦虑，建立健康、和谐的人际关系。

首先，自我认知是克服人际焦虑的重要一步。我们需要深入了解自己的内心世界，明确自己在人际交往中的需求与担忧，从而找到焦虑的根源。其次，情绪调节也是至关重要的。我们可以通过深呼吸、冥想、放松训练等方法，来降低焦虑情绪对我们的影响，保持冷静与理智。最后，沟通技巧的提升也是克服人际焦虑的关键。学会倾听他人的意见，表达自己的观点，以及处理冲突与分歧，都是建立良好人际关系的重要技能。通过不断练习与实践，我们可以逐渐提高自己的社交能力，减少人际焦虑对我们的困扰。

## 拓展阅读

你的焦虑是成长的烙印，每一道伤痕都将化作未来的勋章。

我们在焦虑中寻觅力量，在不安中锻造勇气，终将迎接光明的未来。

别担心未来的不确定，每一个明天都是新的开始，你的每一步都向着更好的自己迈进。

每一次挑战都是成长的机会，别让焦虑遮挡住前行的视线。

勇敢迎难而上，光明终将拥抱你。

焦虑来袭，你似身处寒冬，却忘了内心有不灭的盛夏。

愿你成为自己的灯塔，即使世界黯淡，也无需畏惧那焦虑的夜色。

时光匆匆流逝，唯有释怀焦虑，方能觅得心灵宁静。

人际焦虑，这一在社交场合中普遍存在的情绪体验，让许多人在与他人互动时感到紧张、不安甚至恐惧。然而，要克服这种焦虑，首先我们要认识到它的普遍性。人际焦虑并非个别人的专利，而是许多人在特定情境下都可能经历的一种心理状态。因此，面对它时，我们无须过于自责或担忧，而是应该积极寻找方法来缓解和克服。

### 1. 增强自我认知是克服人际焦虑的基石

你需要深入了解自己的内心世界，明确自己的优点和不足，并学会接受自己的不完美。记住，每个人都有自己的长处和短处，这是独特个性的重要组成部分。不必过分在意他人的评价，因为每个人的看法都是主观的，无法全面反映你的价值。当你能够坦然面对自己的不完美，接受自己的全部时，你会发现自己能够更加自信、更加从容地面对社交场合。

提高社交技能也是克服人际焦虑的关键。学习有效的沟通技巧，如倾听、表达、反馈等，能够帮助你更好地与他人建立联系，传达自己的想法和情感。通过不断练习和实践，你可以逐渐提高自己的社交能力，增强自信心，减少在社交场合中的焦虑感。

2. 逐步暴露自己于社交场合中，是克服人际焦虑的有效方法

你可以从低焦虑的情境开始，逐渐挑战更高焦虑的社交场合。例如，你可以先与熟人进行轻松的聊天，然后逐渐尝试与陌生人交流，甚至参与大型聚会或活动。在这个过程中，你会逐渐适应社交场合，减少焦虑感，提高自己的社交能力。

改变思维模式同样重要。学会用积极的思维方式看待问题，用乐观的态度面对社交挑战。当你感到焦虑时，尝试用“我能行”“我可以应对”等积极的话语来鼓励自己。这种积极的自我暗示能够增强你的自信心，帮助你更好地应对人际焦虑。

3. 寻求支持是克服人际焦虑的重要途径

与家人、朋友或心理咨询师分享自己的感受，让他们了解你的困扰和需求。他们的理解和支持能够给予你力量和勇气，帮助你更好地应对人际焦虑。同时，你也可以从他们那里获得宝贵的建议和经验，帮助你更好地应对社交场合。

培养兴趣爱好也是缓解人际焦虑的有效方法。通过参与自己感兴趣的活动，你可以结交志同道合的朋友，增加社交的乐趣和满足感。这些共同的兴趣爱好会成为你们之间沟通的桥梁，让你更加轻松地与他人建立联系。

4. 保持健康的生活方式对于缓解人际焦虑同样至关重要

良好的睡眠、饮食和运动习惯有助于调节你的身心状态，提升整体心理健康水平。确保每天有足够的睡眠时间，保持均衡的饮食，定期进行适量的运动，这些都有助于缓解焦虑情绪，提高你的社交能力。

### （二）能力困境

能力困境，是指我们在做某件事情时，发现自己现有的知识、技能或能力不足以完成任务或达到期望水平的一种状态。对于中职学生而言，这种困境可能在学习、实习或未来的工作中频繁出现。

1. 在学习中与实际工作中的能力困境

在学习中，我们时常会遇到一些看似晦涩难懂、难以掌握的课程内容。这些内容可能涉及复杂的理论、深奥的概念，或是需要用高度抽象的思维去理解和消化的知识。当我们面对这些挑战时，往往会感到自己的能力似乎不足以应对，仿佛被一道无形的屏障所阻挡，无法顺利地跨越到知识的彼岸。这时候，我们会深刻地意识到，自己的理解力、分析力或是记忆力等方面，或许还存在着某种程度的欠缺，使得我们难以顺利完成任务，达到预期的学习效果。

2. 在实习或工作中面对的能力困境

在实习或工作中，我们也会遇到各种各样的实际问题和挑战。这些问题可能来源于我们所在行业的专业知识，也可能涉及团队协作、沟通表达、时间管理等多方面的能力。当我们试图去解决这些问题时，往往会发现自己的知识和技能与实际需求之间存在着不小的差距。这种差距可能由于我们对行业的了解不够深入，或是缺乏足够的实践经验，导致我们在面对具体问题时显得力不从心，难以找到有效的解决方案。

在学习的道路上，能力困境是每位学生都可能遇到的挑战。但请记住，困境并非终点，而是成长的起点。下面，我们从三个方面探讨如何有效解决能力困境。

第一，正视不足，积极求助。面对难题时，首先要做的是正视自己的能力不足。不要害怕承认自己的弱点，因为每个人都有提升的空间。同时，要勇于向他人求助。无论是老师、同学还是行业专家，他们的经验和知识都可能是你解决问题的关键。不要害怕提问，因为提问本身就是学习和成长的一部分。

第二，注重实践，积累经验。理论知识的学习固然重要，但实践能力同样不可或缺。通过参与实训、实习等活动，将所学知识应用于实际，可以加深对知识的理解，并积累宝贵的实践经验。在实践中，你可能会遇到新的挑战和问题，但这也是提升能力的绝佳机会。每一次的实践都是一次自我检验和成长的过程。

第三，保持积极心态，持续学习。面对能力困境，保持积极的心态至关重要。要相信自己有能力克服困难，实现自我提升。同时，也要保持持续学习的态度。学习不仅仅发生在课堂上，更发生在日常生活中。通过阅读书籍、观看视频、参加讲座等方式，不断拓宽自己的知识面，提升自己的综合素质。记住，只有不断学习，才能不断进步。

### （三）价值认可

在学校的广阔天地里，我们不仅要学习专业技能，更要培养正确的价值观和人生观。其中，“价值认可”是一个需要我们深入理解和实践的重要概念。

价值认可，简单来说，是指一个人或一件事物所展现出的价值被他人所肯定、接受和赞赏。这种认可不仅基于外在的成就或结果，更在于内在的品质、态度和行为。它超越了金钱的衡量标准，不再将金钱作为衡量人生成功与否的唯一标尺。

在现实生活中，我们常常会遇到这样的观念：凡是能用钱解决的问题就不是问题，而主要的问题就是没钱。事实上，这种观念过于狭隘，忽略了价值认可的多元性和深层次意义。金钱确实可以解决一些问题，但它无法衡量一个人的全部价值。一个人的智慧、品德、勇气和创造力等内在品质，同样具有无法估量的价值。

我们要树立正确的价值观念，学会欣赏和尊重他人的价值。无论是专业技能的精湛，还是团队合作的默契，或是创新思维的活跃，都应该得到我们的认可和赞赏。同时，我们也要学会自我认可，肯定自己的努力和成就，不断提升自己的职业素养和综合能力。

总之，价值认可是一个超越金钱的衡量标准，它关注人的内在品质和外在成就的综合体现。培养价值认可意识，让我们学会欣赏和尊重他人的价值，同时也要学会自我认可和成长。只有这样，我们才能成为既有专业技能又有高尚品德的优秀人才，为社会的繁荣和发展贡献自己的力量。

## 职场故事

林小薇是电子商务专业应届生，入职“云裳服饰”电商部担任运营助理。入职三个月恰逢公司筹备“双十一”促销，10 月 25 日部门却突遭变故：原定主播因合约纠纷临时跳槽；公司主推款设计图提前泄露；仓库管理系统故障导致库存数据混乱。

**【思考】**

（1）如果你是林小薇，面对上述三重危机，该优先处理哪个环节？请用 SWOT 分析法分组讨论。

______

______

______

（2）现有资源：5 万元推广预算、2 名兼职主播、48 小时紧急生产周期。请根据上述资源制定三条应对策略，并说明决策依据。

______

______

______

（3）现有行动方案可能存在哪些风险？请至少列出三种预案。

______

______

______

## 三、直面问题

在生活和工作中，我们经常会遇到各种各样的问题。无论是个人成长、团队管理还是企业运营，问题诊断都是不可或缺的技能。在问题管理与解决的过程中，培养一种敏锐的问题意识是至关重要的第一步。这一意识不仅要求个体对周围环境和自身行为的变化保持高度的警觉性，还强调了在问题诊断阶段所必需的多元视角与深入洞察。

警觉性是问题意识的基础，它涉及个体对环境信息的敏锐捕捉与处理能力。在问题诊断的初期，这种警觉性表现为对潜在问题信号的敏感捕捉，以及对环境变化的持续监控。从认知心理学的角度来看，这要求个体运用注意力机制，有效地分配认知资源，以实现对关键信息的快速识别与记忆。通过这种持续的环境监控，个体能够在问题尚处于萌芽状态时即予以识别，从而为后续的诊断与解决赢得宝贵的时间与空间。

在问题诊断阶段，仅仅依赖单一的视角或认知框架往往难以揭示问题的全貌与本质。因此，培养一种从多个角度和层面审视问题的能力显得尤为重要。这要求个体具备认知灵活性，能够根据需要切换或整合不同的认知框架与理论视角，以实现对问题的全面审视与深入理解。同时，深入洞察也是不可或缺的，它涉及对问题背后深层次原因与机制的剖析，以及对问题影响范围与潜在后果的准确评估。通过这种多元视角与深入洞察的结合，个体能够避免陷入片面或狭隘的视野，从而制定出更加精准与有效的解决方案。

在问题诊断的过程中，全面收集信息是一个至关重要的环节。这一步骤不仅为后续的深入分析提供了丰富的素材，更是确保诊断结果准确性和可靠性的基础。全面收集信息意味着我们不仅要关注问题的直接表现，还要深入挖掘其背后的历史背景、现状描述、相关数据以及可能的影响因素。这种广度与深度的结合，有助于构建出一个完整的问题画像，从而让我们对问题的全貌有一个清晰的认识。在信息收集的过程中，我们需要运用多种手段，如查阅文献、访谈相关人员、分析数据等，以确保信息的全面性和准确性。

在全面收集信息的基础上，深入分析原因是问题诊断的核心环节。这一步骤要求我们运用各种分析工具和方法，对问题进行系统的剖析，以找出问题的根源和原因。深入分析原因需要借助各种分析工具和方法，如因果图、鱼骨图等。这些工具和方法能够帮助我们更加系统地分析问题，揭示出问题的内在逻辑和因果关系。通过运用这些工具和方法，我们可以将复杂的问题拆解成若干个子问题或影响因素，从而更加清晰地看到问题的本质和根源。在分析原因的过程中，我们需要保持开放和批判性的思维。这意味着我们要不断质疑和验证我们的假设，以确保分析的准确性和可靠性。同时，我们还需要接收来自不同方面的信息和观点，以便更加全面地看待问题。通过运用开放与批判性思维，我们可以避免陷入思维定式或偏见，从而得出更加客观和准确的诊断结果。

深入分析原因不仅要求我们对问题的直接原因进行剖析，还要深入挖掘其背后的深层次原因和机制。这种深度与广度的结合，有助于我们更加全面地理解问题，并为制定解决方案提供更加有力的支持。在原因分析的过程中，我们需要关注问题的多个层面和维度，如技术层面、管理层面、文化层面等，以便揭示出问题的全面性和复杂性。

## 活动与思考

### 团队问题诊断挑战赛

问题设定：

老师设定一个模拟问题场景，如“学校图书馆书籍丢失问题”“班级纪律混乱问题”等。每个小组领取一个问题场景，并准备进行诊断。

团队准备：

小组内成员分工合作，收集问题相关信息（如通过观察、访谈、查阅资料等），并准备问题诊断工具（如因果图、鱼骨图等）。

问题诊断：

在规定时间内，小组使用准备的工具进行问题诊断，分析问题的原因、影响范围及可能的解决方案。

**【思考】**

（1）在诊断问题的过程中，我们遇到了哪些困难？是如何克服的？

________________________________________

________________________________________

________________________________________

(2) 通过本次活动，我们学到了哪些问题诊断与解决的方法？这些方法在哪些情境下可以应用？

______________________________________________

______________________________________________

______________________________________________

## 四、应对问题

在生活和工作中，应对问题不仅仅是简单地解决当前遇到的困境，更是一个涉及策略制定、行动执行和持续优化的过程。

### （一）策略制定

在应对问题的过程中，制定有效的应对策略是首要且至关重要的任务。

1. 明确问题

明确问题是制定策略的前提。我们需要对问题的性质、影响范围和紧急程度进行全面而深入的分析。这要求我们不仅要关注问题的直接表现，更要深入挖掘其背后的原因与机制，以确保对问题的全面理解。

2. 规划解决问题的具体路径和步骤

规划解决问题的具体路径和步骤是制定策略的核心。这需要我们根据问题的具体情况，设计出切实可行的解决方案，并明确所需的资源、时间和人员分工。

在这一过程中，我们要注重策略的可操作性，确保每个步骤都能够落地实施。同时，策略的灵活性也至关重要，以便在实际情况发生变化时，能够迅速调整策略。在制定策略时，我们还可以充分借鉴前人的经验和智慧，通过查阅相关资料、咨询专业人士或借鉴类似问题的成功案例获得宝贵的启示和借鉴，提高策略的有效性和针对性。

此外，在制定策略时，我们还需要对潜在的风险进行充分的评估和预测，并制定相应的应对措施。这有助于我们在遇到问题时能够迅速应对，降低风险带来的损失。

### （二）行动执行

在应对问题的过程中，制定了周密的应对策略后，接下来的关键步骤就是果断地采取行动。行动不仅是策略落地的关键环节，更是解决问题、实现目标的直接手段。

1. 保持高度的责任心和执行力

在执行过程中，我们需要保持高度的责任心和执行力，确保每个步骤都按照计划进行。这要求我们不仅要对策略有深入的理解，还要具备将策略转化为具体行动的能力。

2. 建立有效的执行机制

为了确保执行的效率和效果，我们需要建立有效的执行机制。这包括明确执行的时间节点、责任人以及具体的执行步骤。同时，我们还要建立监督机制，及时跟踪进度，发现问题及时调整。通过不断反馈和调整，我们可以确保执行的准确性和有效性，从而推动问题的解决。

3. 保持灵活性和应变能力

在执行过程中，我们还需要保持灵活性和应变能力。由于问题的复杂性和不确定性，执行过程中可能会遇到各种预料之外的情况。这时，我们需要根据实际情况，灵活调整执行策略，确保问题的顺利解决。

4. 团队协作和良好的沟通机制

团队协作是应对问题不可或缺的一环。一个高效的团队能够集合众人的智慧和力量，共同应对挑战，实现目标。在应对问题的过程中，我们需要明确团队成员的角色和责任，确保每个人都能够充分发挥自己的优势，协同合作，共同解决问题。

为了实现团队的协同合作，我们需要建立良好的沟通机制。这包括保持沟通渠道的畅通，及时分享信息，协调资源，确保整个团队能够高效地运转。通过有效的沟通，我们可以消除误解和隔阂，增强团队的凝聚力和执行力。

### （三）持续优化

应对问题并不是一蹴而就的过程，而是需要持续优化的循环。在问题解决后，我们需要对整个过程进行回顾和总结，分析成功和失败的原因，提炼经验教训。这些经验不仅可以帮助我们更好地应对类似的问题，还可以为未来的工作提供有益的参考。通过不断地应对问题，我们可以提升自己的能力和智慧，为未来的工作和生活打下坚实的基础。

1. 深度反思与自我评估

回顾整个应对问题的过程，从问题识别到策略制定，再到行动执行。思考自己在每个环节中的表现，评估自己在面对问题时的心态变化，是否更加冷静、理性，是否学会了从不同角度审视问题。总结在团队协作中的收获与不足，思考如何更好地发挥个人优势，促进团队协同。

思考在应对问题的过程中是否有遗漏或误解的地方、是否有更好的解决方案未被采用。分析自己在行动中的犹豫、拖延等负面行为，找出其根源，并思考如何克服。评估自己在问题解决过程中的成长与进步，思考如何将这份经验转化为未来的行动。

2. 实践应用与经验分享

在日常生活中，积极寻找并尝试解决遇到的问题，无论是个人生活中的小事，还是工作中的复杂任务。运用所学的问题解决策略将理论转化为实际行动。

记录自己在实践过程中的思考过程、遇到的挑战、采取的解决方案以及最终成果。与同学、同事或朋友分享自己的经验，讨论彼此在问题解决中的得失，共同提升问题解决能力。

3. 持续学习与自我提升

阅读相关书籍、文章或观看视频，了解不同领域的问题解决方法，拓宽自己的视野和思维方式。关注行业动态和前沿技术，了解最新的问题解决工具和平台，提升自己的专业素养。

针对自己在应对问题过程中的薄弱环节，进行有针对性的学习。例如，如果发现自己的团队协作能力有待提高，可以参加相关培训课程或工作坊。通过案例分析、模拟演练等方式，加深对问题解决策略的理解和掌握。

为自己设定具有挑战性的目标，如解决一个长期困扰的难题、提升团队工作效率等。在实现目标的过程中，不断反思和调整自己的策略和方法，不断挑战自己的极限。

在应对问题的过程中，理论学习与实践应用是相辅相成的。在人生的旅途中，问题无处不在，它们既是挑战，也是机遇。勇于担当、积极应对问题，不仅能够帮助我们克服困难、实现目标，更能够让我们在解决问题的过程中不断成长和进步。

## 拓展阅读

1. 工欲善其事，必先利其器。

——《论语·卫灵公》

2. 射人先射马，擒贼先擒王。

——唐·杜甫《前出塞九首·其六》

3. 宝剑锋从磨砺出，梅花香自苦寒来。

——明·冯梦龙《警世贤文·勤奋篇》

4. 合抱之木，生于毫末；九层之台，起于累土；千里之行，始于足下。

——春秋·老子《道德经》

在人生的长河中，每个人都是自身成长的第一责任人。无论身处何种环境、面对怎样的挑战，我们都应主动承担起塑造自我、提升能力的责任。

第一，需要明确自己的职业目标和发展方向。这不仅仅是为了在学业上有所侧重，更是为了在未来的职业生涯中能够有的放矢。我们应该深入了解自己所学专业的行业动态、市场需求以及未来趋势，从而为自己设定一个清晰且可实现的职业愿景。

第二，在明确目标的基础上，需要不断锻炼自己的专业技能和通用能力。专业技能是我们未来在职场中的立足之本，而通用能力能更好地适应复杂多变的工作环境。通过参加实习、实训、技能竞赛等活动，不断提升自己的专业素养；同时，通过参与团队项目、志愿服务等社会实践活动，锻炼自己的沟通能力、团队合作能力和解决问题的能力。

第三，需要关注自身的心理健康和人际交往能力。良好的心理状态是面对挑战和困难时的坚强后盾，而优秀的人际交往能力能建立广泛的人脉资源，为未来的职业发展打下坚实的基础。可以通过阅读心理学书籍、参加心理健康讲座、与他人交流等方式来提升自己的心理素质；同时，通过积极参与社团活动、拓展自己的社交圈子来锻炼人际交往能力。

第四，在减少自身问题方面，需要学会自我反思和自我管理。我们应该定期回顾自己的学习和生活状态，识别并改正自己的不良习惯；同时，通过制订合理的计划和目标来管理自己的时间和精力，确保自己能够高效地完成各项任务。

第五，提高事务处理的能力是不可或缺的一项技能。我们要学会如何有效地收集信息、分析问题、制定解决方案并付诸实践。通过参与项目管理、团队协作等活动，锻炼自己的逻辑思维能力和决策能力；同时，通过不断学习和实践来提升执行力和应变能力。

总之，作为成长的第一责任人，我们需要从现在开始积极准备、不断锻炼，以减少自身问题并提高事务处理的能力，在未来的职业生涯中脱颖而出，成为社会的栋梁之材。

## 启思导行

### “全面发展、自主管理”的自行车模型

在这个模型中，我们将个人的全面发展与自主管理比喻为一辆精心设计的自行车。这辆自行车由多个关键组件构成，每个组件都代表着个人成长和自主管理中不可或缺的一部分。请根据以下对这一模型的详细解释制定属于自己的自行车模型。

1. 车架（核心自我）

作用：车架是自行车的骨架，支撑着整个车身，是稳定性和力量的源泉。在个人成长中，核心自我代表了个人的价值观、信念和内在动力，是驱动个人全面发展的基石。

发展策略：通过自我反思、设定明确的目标和价值观澄清，建立坚实的内在基础。

2. 车轮（知识与技能）

前轮：代表专业技能和知识，是个人在职场或特定领域中的核心竞争力。

后轮：代表通用技能和软技能，如沟通、团队合作、领导力等，这些技能有助于个人在复杂多变的环境中灵活应对。

发展策略：持续学习，通过课程、实践、导师指导等方式不断提升专业技能；同时，通过参与团队项目、社交活动等培养通用技能。

3. 链条（目标设定与执行）

作用：链条连接着前后轮，传递动力，使自行车能够前进。在个人自主管理中，目标设定与执行是连接理想与现实的关键，确保个人朝着既定目标持续努力。

发展策略：采用 SMART 原则（具体、可衡量、可达成、相关性、时限性）设定目标；制订详细计划，分解任务，定期回顾进度，调整策略。

4. 刹车系统（自我监控与调整）

作用：刹车系统确保在需要时能够安全停车或减速，避免过度冒险或偏离轨道。在个人自主管理中，自我监控与调整机制帮助个人识别风险，及时调整策略，保持正确的方向。

发展策略：建立自我反馈机制，定期评估进展，识别问题所在；勇于承认错误，灵

活调整计划，保持适应性。

5. 变速器（灵活性与适应性）

作用：变速器允许骑行者根据路况调整速度，保持最佳状态。在个人发展中，灵活性与适应性意味着能够根据不同情境调整策略，应对变化。

发展策略：培养快速学习新事物的能力，保持好奇心和开放心态；学会从不同角度思考问题，提高解决问题的能力。

6. 导航仪（愿景与规划）

作用：导航仪为骑行者提供方向和路线信息，确保旅程顺利进行。在个人自主管理中，愿景与规划是引导个人成长和决策的重要工具。

发展策略：明确长期愿景，将其分解为短期和中期目标；制定详细的职业规划，包括职业发展路径、所需技能和经验等。

# 参考文献


[1] 博恩·崔西，安娜·莱因伯格. 吃掉那只青蛙2：高效率学习手册 [M]. 北京：机械工业出版社，2021.

[2] 吉姆·兰德尔. 时间管理：如何充分利用你的24小时！[M]. 舒建广，译. 长沙：湖南文艺出版社，2021.

[3] 彼得·德鲁克. 卓有成效的管理者 [M]. 刘澜，译. 北京：机械工业出版社，2023.

[4] 刘兰明. 职业基本素养：安身立命之本 [M]. 4版. 北京：高等教育出版社，2020.

[5] 陈斯毅. 职业素养 [M]. 北京：北京师范大学出版社，2021.

[6] 巫云，刘燕，师文静. 职业素养课程体系与实践 [M]. 北京. 电子工业出版社，2020.